絵でわかる
植物の世界
An Illustrated Guide to Botany

大場秀章 監修　清水晶子 著
Hideaki Ohba　　Akiko Shimizu

講談社サイエンティフィク

［ブックデザイン］
安田あたる

［カバーイラスト・本文図版］
メディカ・川本満

［植物画］
中島睦子

はじめに

　この地球上には，たくさんの生き物がすんでいます．その中で植物は，光合成によって，すべての生き物が生きるためのエネルギーを生産するという大事な役目を果たしています．しかし，動物に比べて目立たない存在であるためか，植物についての一般の人たちの関心と理解はいまひとつのようです．

　私はこの本を，植物が好きで，植物についてもう少し深く，体系的に知りたいと考えている人や，図鑑などの解説をよく理解できるようになりたいと考えている人のために書きました．また，農学，薬学，園芸などの分野で，植物に関係した専門的な勉強をしている人で，植物の全体像を知っておきたいと考えている人にもぜひ読んでいただきたいと思います．

　ひとくちに植物といっても，藻類，コケ，シダ，裸子植物など多様なものがありますが，この本では，植物の中で最も進化し，体のしくみも複雑で，有用な植物を多く含んでいる被子植物を中心に解説しました．

　第1章のテーマは「植物のかたち」です．多様で複雑な植物の体も，よく観察すれば，いくつかの単純なルールに従ってつくられていることがわかります．第2章では「植物の生活」をテーマに，その基本となる光合成をはじめ運動や反応のメカニズムを，第3章では「植物の生殖」をテーマに，植物を見分けるのに役立つ花や果実の特徴，生殖のしくみなどを解説します．最後の第4章のテーマは「植物の分類」で，植物の科の特徴を具体的に説明しながら，分類学の歴史，DNAを用いた新しい研究の動きなどについても紹介します．

　この本では，耳慣れない植物学用語も多く出てくると思いますが，できるだけわかりやすく，相互の関連もよくわかるように解説するよう心がけました．また，読者が自分で観察して確認できるように，野菜や園芸植物など，身近にある植物の例を数多くとりあげました．

　植物画家の中島睦子さんには，「ミニ植物図鑑」のために正確で美しい植物画を描いていただきました．大学院生の岩元明敏さんは，全体を通読し，助言をしてくださいました．ありがとうございました．最後に，丁寧な編集をしてくださった講談社サイエンティフィクの田中哲太郎さんに深く感謝します．

　2004年8月

清水晶子

絵でわかる植物の世界　　目次

はじめに　iii

第1章　植物のかたち
——基本は根・茎・葉　1

1.1　植物の全体像　3
1.2　根の形と働き　6
　1.2.1　直根系とひげ根系　6
　1.2.2　根毛の働き　7
　1.2.3　根の細部構造　8
　1.2.4　いろいろな根の働き　11
1.3　シュートの形と働き　15
1.4　葉のさまざまな形　21
　1.4.1　葉身と葉柄　21
　1.4.2　葉脈のパターン　26
　1.4.3　さまざまな形の托葉　27
　1.4.4　葉の内部構造　28
　1.4.5　葉のさまざまな変形　29
　1.4.6　葉のように見える茎　32
1.5　茎の形と成長　33
　1.5.1　茎の内部構造　33
　1.5.2　樹木はどのようにして太るのか　36

第2章　植物の生活
——光合成のしくみと植物の反応　45

2.1　植物の光合成　47
　2.1.1　光，水，空気を獲得するしくみ　48
　2.1.2　光合成のメカニズム　55

2.1.3　光合成のいろいろなくふう　60
2.1.4　植物の代謝　67
2.2　植物の運動と反応　68
2.2.1　植物の運動　70
2.2.2　植物と季節変化　73

第3章　植物の生殖
——花と果実の多様性と植物の生活史　77

3.1　花　序　78
3.1.1　花序の分類　78
3.1.2　苞葉——花を抱く葉　82
3.2　花　84
3.2.1　花の構成単位　84
3.2.2　花の基本構造　84
3.2.3　花の構造の多様性　89
3.3　果実と種子　95
3.3.1　果実の分類　96
3.3.2　果実の特徴　99
3.3.3　バラ科の多様な果実　101
3.3.4　種子の構造と発芽　103
3.4　陸上植物の生活史——生殖の過程　106
3.4.1　シダ植物の生活史　106
3.4.2　コケ植物の生活史　109
3.4.3　被子植物の生活史　112
3.4.4　植物の栄養繁殖とクローン　120

第4章　植物の分類
——被子植物のいろいろ　125

4.1　植物には何が含まれるか　126
4.2　裸子植物の「花」　127

- **4.3 被子植物の分類研究** 128
  - 4.3.1 植物の形質と記載方法 128
  - 4.3.2 さまざまな分類体系 129
  - 4.3.3 エングラーの体系 130
  - 4.3.4 DNAを用いた新しい分類研究 132
- **4.4 被子植物の特徴的な科** 134
  - 4.4.1 ブナ科——ドングリのなる木 134
  - 4.4.2 ナデシコ科——二またに分かれる花序 134
  - 4.4.3 キンポウゲ科——変化に富んだ美しい花 137
  - 4.4.4 モクレン科——やっぱり原始的植物 138
  - 4.4.5 アブラナ科——花を見ればすぐわかる 140
  - 4.4.6 バラ科——多様に進化した有用植物群 142
  - 4.4.7 マメ科——細菌と共生して荒野にも進出 142
  - 4.4.8 セリ科——花火のような花序 145
  - 4.4.9 ゴマノハグサ科とシソ科の違い 146
  - 4.4.10 キク科——最も進化した合弁花植物 148
  - 4.4.11 ユリ科——解体された大きな科 150
  - 4.4.12 イネ科——乾燥に耐え，人の役に立つ 152
  - 4.4.13 サトイモ科——仏炎苞が特徴的 153
- **4.5 植物の学名と命名法** 154
- **4.6 タイプ標本とハーバリウム** 157

参考文献 159

事項索引 160

植物名索引 164

ミニ植物図鑑

クスクスラン 19	ウチワサボテン 63	ゼニゴケ 111
ウツボカズラ属 31	カボチャ 69	クリ 135
エンドウ 44	クロマツ 76	タイサンボク 139
イネ 59	ヤマボウシ 83	ノイバラ 143
	ホウレンソウ 87	ガーベラ 149
	イヌワラビ 108	ササユリ 151

第1章
植物のかたち

基本は根・茎・葉

「植物の形」を知ろう

　私たちにとって，植物はとても身近な存在です．ふだん食べている穀物，野菜，果物は，すべて植物の体の一部です．また，庭や鉢植えで植物を育てたり，野山で植物の花や葉を見て楽しんだりすることも多いでしょう．

　植物を育てるときにも，料理をするときにも，私たちは植物を見ているはずです．それにもかかわらず，植物の体のつくりについては，あまり知らないのではないでしょうか．

　たとえば，一輪のキクの花が1つの花ではなく，たくさんの小さな花の集まりだったり，ハナミズキやブーゲンビレアでは，花びらのように見えるものが実は葉っぱだったり，果物といっても，ミカンとリンゴでは，植物の体としてはまったく異なった部分を食べている，ということなどは案外と知らないものです．

　植物の体のつくりは，驚くほど巧妙で，長い時間をかけて身につけたいろいろな生活の知恵をもっています．形と機能とは，常に密接なかかわりをもっています．実際に植物を手にとってみたとき，どんな見方をしたらいいのかがわかると，植物をもっと楽しむことができるでしょう．

　また，道端や花屋さんで見かけたり，自然に庭に生えてきたり，生け花に使ったりした植物に興味がわいたとき，もっとよく知りたいと思っても，図鑑などでどう調べたらよいのか，わからないことも多いかもしれません．植物の形の基本について理解すれば，図鑑の説明を読むのもずっと簡単になり，探したい植物がどのグループに属するのか見当をつけやすくなります．

なぜ植物と動物は形が違うのか

　同じ生きものといっても，植物の形は，動物とはまったく異なっています．それは，動物と違って，植物が水と光さえあれば，食物をとらなくても生活できることと関係しています．

　ほとんどの植物は，一つの場所にとどまって生活しています．そのために地面にしっかりと根を張り，空気中に茎や枝を伸ばし，そのまわりにたくさんの葉をつけています（**図1.1**）．葉には，いろいろな形がありますが，その多くは平べったい形をしていて，光を受けるのに都合のよい形をしています．

図 1.1 植物は根を張り,茎を伸ばし,葉を茂らせる

1.1 植物の全体像

植物は根・茎・葉からなる

　　植物の体は,基本的には根・茎・葉からなっています.ただし,これらの一

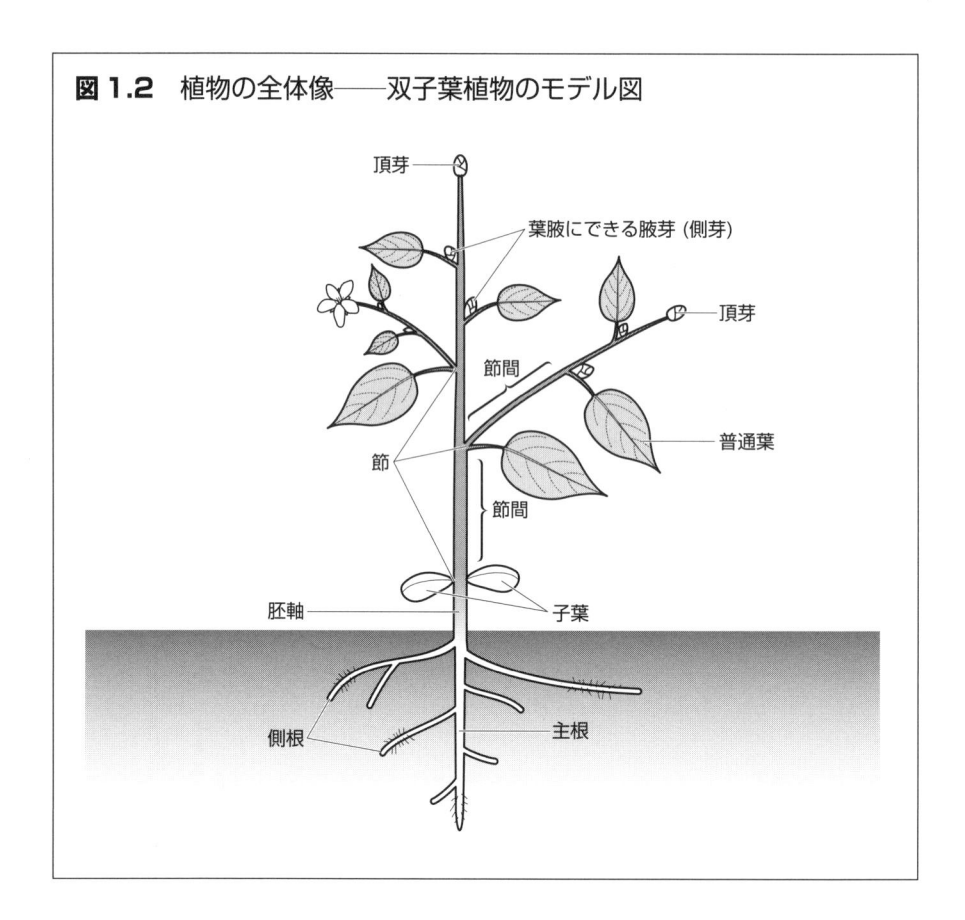

図1.2　植物の全体像——双子葉植物のモデル図

部があまり発達しない植物や，区別しにくい植物もあります．

　図1.2は，植物体のおもな部分の名称を説明するためのモデルとして描いたものです（特定の植物ではありません）．以下では，この図も見ながら，植物の体のおおまかな構造を説明しましょう．

植物の体は繰り返し構造になっている

　植物の根は，地下に向かって，中心から繰り返し枝分かれした構造になっています．茎は，上方に向かって，やはり中心から繰り返し枝分かれした構造になっています．

　シダの葉などに典型的なように，植物の構造を注意して見てみると，実に精巧で正確な繰り返し構造からなっていることがわかるでしょう．このような構

造は，人間が植物を美しいと感じる理由の一つにもなっています．

種子から子葉が出て，根と茎が伸びる

　種子から芽を出した植物がはじめに出す葉は，「子葉」と呼ばれます．子葉は多くの場合，成長とともに枯れて落ちますが，長く残る場合もあります．子葉が2枚の植物を「双子葉植物」，1枚のものを「単子葉植物」といい，花をつける高等植物（被子植物）の基本的な分類の基準となっています．

　やがて，子葉の間にある芽（幼芽）が活動して茎が伸び，多くの葉をつけるようになります．子葉とそのあとに出る葉とは，形が大きく違っています．子葉より下の，子葉をつけている軸は「胚軸」と呼ばれます．胚軸の芽と反対の位置には「幼根」があって，やがてそれが伸びて根になります．

茎の出る場所，芽や葉のつく場所

　茎の枝分かれをよく注意して見ると，新しい茎が出ているところは，ほとんど例外なく，葉の付け根の上側にあたることがわかります．この部分を「葉腋」と呼んでいます．

　茎はでたらめな場所から出るわけではなく，基本的には葉腋から出る（腋生）ということも，植物の体のでき方の基本的なルールの一つです．葉腋に芽を抱いている葉のことを，その芽に対する「苞葉」と呼びます．茎の先端の芽は「頂芽（頂生する芽）」，葉の付け根の葉腋にある芽は「腋芽（腋生する芽）」と呼びます．腋芽は茎の側方につくので，「側芽」と呼ぶこともあります．

　これらの芽は，一見すると葉には見えない鱗状のものに包まれていることがよくあります（ツバキやサクラの冬芽を思い浮かべてください）．形は違っても，この鱗状のものも，実は茎のまわりにつく葉です．ただし，これらは形状がふつうの葉とは違うので，その形から「鱗片葉」と呼んでいます．これに対して，ふつうの葉を「普通葉」と呼びます．

　茎の葉のついている位置を，タケの節のようにふくらんでいるかどうかとはかかわりなく「節」と呼び，節と節の間を「節間」と呼びます．節間が短く縮まって，茎の1カ所から多数の葉が出ているように見える場合もあります．

花のつく場所と苞葉

　成熟した植物は，やがて茎の先端や葉腋に花をつけます．つまり，花は頂芽

や腋芽が変化したものです．一つの花の構造を見てみると，花は軸のまわりに「がく（萼）」や「花弁」など，平べったい葉状のものをつけています．学問上は，がくの一片一片（がく片）や花弁は葉とみなして，「花葉（かよう）」と呼びます．

植物が花をつけるようになると，花を葉腋に抱く葉は，色や形が変化することがよくあります．場合によっては小さく，目立たなくなりますが，逆に大きくなって，花を目立たせて虫や鳥を集めるのに一役買うこともあります．

このように，花がつくられることと関連して色や形が変化した葉を，普通葉と区別して，「苞葉（ほうよう）（または苞）」と呼びます．苞葉は，花がつぼみの間はそれを覆って保護する役目をもっていますが，花が開くと同時に落ちてしまうこともあります．

1.2 根の形と働き

1.2.1 直根系とひげ根系

直根系の植物

根は，ダイコンやニンジンのように，中心になる太い根のまわりに比較的細い根がたくさん出ていることが多く，その細い根のまわりにもさらに細い根が出ます．このような繰り返し構造をもつ根を「直根系」と呼び，中心の根を「主根」，まわりに出る根を「側根」と呼びます（**図1.3左**）．

ひげ根系の植物

これに対して，主根があってもあまり太くならないか，あるいは枯れてしまい，そのかわりに，茎や茎の地ぎわから，ひげのように細い根がたくさん出ている場合があります．イネやトウモロコシの場合は，茎がまっすぐに立って，その地ぎわから多数の根が出ています．シバやタケのように地表や地中を茎がはっていて，その節から根が出る場合もあります．これらの根を，直根系に対して「ひげ根系」と呼びます（**図1.3右**）．

タケのように，地下を横に長く伸びる茎（地下茎，根茎）をもつ植物の場合は，地下茎の節からひげ根を出します．また，シバのように茎が地面をはう植

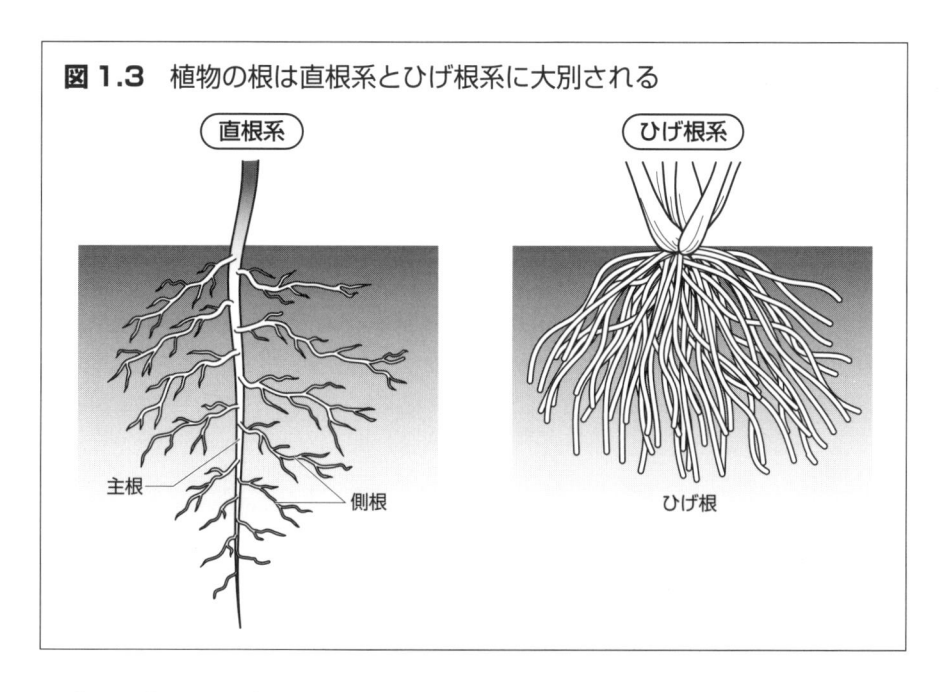

図1.3 植物の根は直根系とひげ根系に大別される

直根系 / ひげ根系
主根　側根　　ひげ根

物や，樹上で生活するランでは，地上の茎の節からもひげ根を出します．このように，根以外の部分から出る根は，「不定根」と呼ばれます．

環境に適応した根の形と働き

　根は，植物の地上部が倒れないように，しっかりと地中に広がって植物体を支える働きをすると同時に，地中の水分や土壌中の無機養分を吸収する大切な働きをもちます．そのため，土が柔らかく乾燥した場所では繰り返したくさん枝分かれして広い範囲に広がっていますが，サツマイモのように太くなって養分を地下に蓄えていることもあります（貯蔵根）．
　ヨシやハスのように湿った場所に生えている植物では，むしろ茎によってはい広がって，ひげ根系をもつ植物が多く見られます．

1.2.2　根毛の働き

　根は，その先端に近い部分で成長しています．根の構造を細かく見ると，先端より少し手前の部分に細かい毛が生えています．これを「根毛」と呼びます（**図1.4**）．根毛の直径はわずか10 µm（1/100 mm）前後ですが，長さは1 mmを

図1.4 根の全体像と根毛の構造

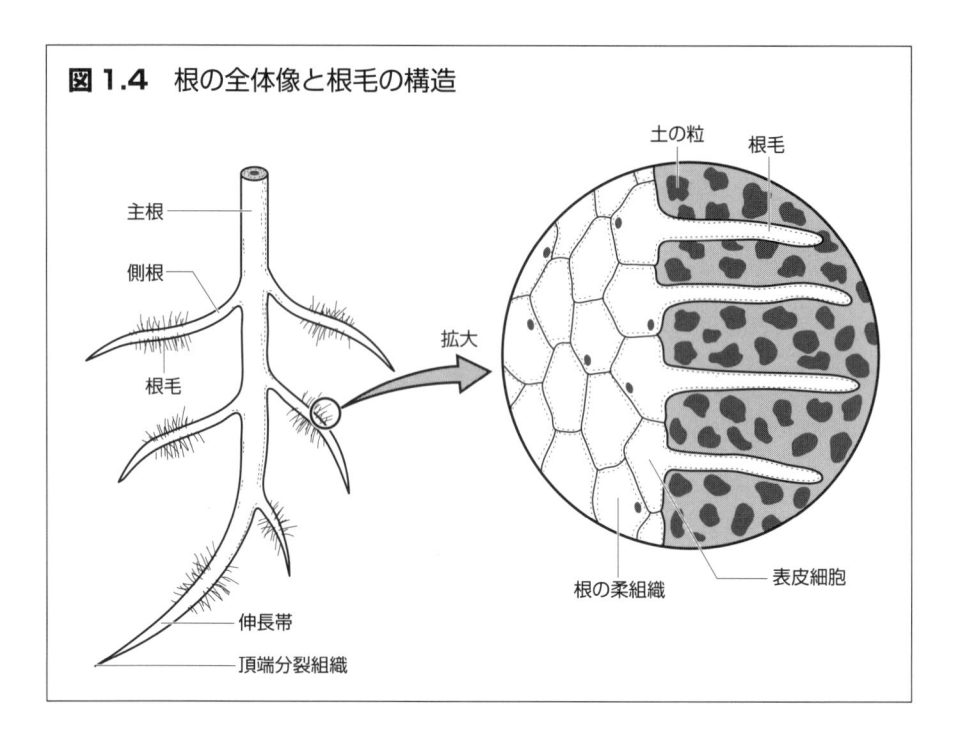

越えることもあります．

　根毛は，根の表皮細胞（植物体を覆う1層の細胞層を構成する細胞）が特殊化したもので，表面積を増やして土壌中の水や養分の吸収に役立っています．それだけではなく，細い根を土壌に密着させて根を安定させるのに重要な役割をもつとも考えられています．

　根毛は寿命が短く，根の先端から少し離れた場所では死んでなくなってしまいますが，そのかわりにクチクラと呼ばれる丈夫な層が発達して根の表面を保護します．根毛のある先端近くを除いた，根のほとんどの部分は，吸収よりも物質を運ぶ役割を担っているのです．ここでは土壌と根の間での物質の移動はあまりないと考えられています．

1.2.3　根の細部構造

根は頂端分裂組織と伸長帯で成長する

　根の先端部には，「根冠」と呼ばれる構造があり（**図1.5**），粘液に覆われてい

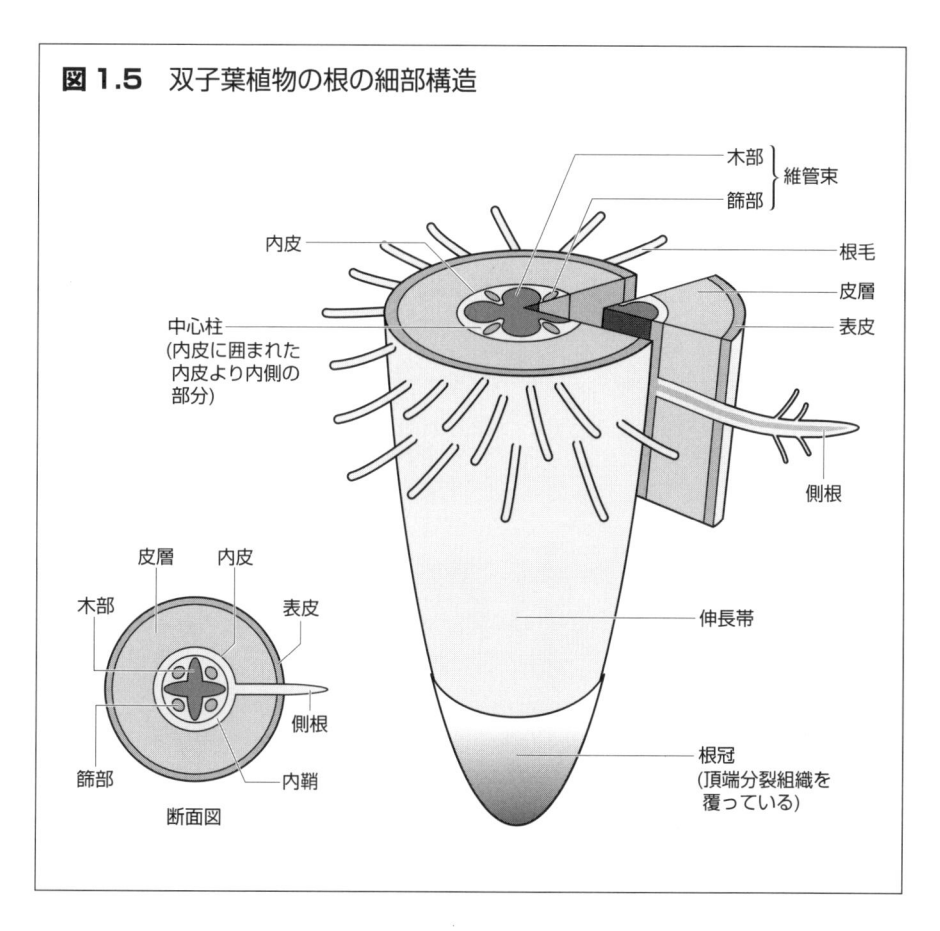

図1.5 双子葉植物の根の細部構造

ラベル：木部、篩部、維管束、内皮、根毛、皮層、表皮、中心柱（内皮に囲まれた内皮より内側の部分）、側根、伸長帯、根冠（頂端分裂組織を覆っている）

断面図ラベル：皮層、内皮、木部、表皮、篩部、側根、内鞘

ます．根冠は，根の先端の分裂組織を帽子のように覆って保護しています．根冠の内側にある「頂端分裂組織」では，常に根の新しい部分をつくる細胞が細胞分裂によってつくり出されています．

根冠の細胞ももちろん頂端分裂組織でつくられ，根冠は根が伸びていくときに頂端分裂組織を保護する役割をもちます．根冠では常に外側の細胞が死んでいきますが，内部ですぐに新しい細胞がつくられ，全体の形を保っています．

根冠の少し上の（先端から遠い）部分では，細胞の伸長成長が起こり，根を先へ先へと伸ばしています．この部分では細胞分裂は起こらず，一つ一つの細胞の伸張が起きていて，「伸長帯」と呼ばれます（**図1.5**）．

中心柱には物質の通り道がある

根の中心には柱状の構造が見られ，これを「中心柱」と呼びます．中心柱には，水やいろいろな物質の通り道である「維管束」が見られます（図1.5）．

維管束は，水の通り道となる「木部」と，糖などの有機物の通り道である「篩部（師部）」からなります．ちなみに，木部は木では木材の堅い部分となる組織であり，篩部は細胞間のしきりにたくさんの小さな穴がある篩（ふるい）に似た内部構造をもつことから，それぞれの名があります．

根の中心柱には，中心に柔らかい組織（髄）がある場合（単子葉植物）とない場合（双子葉植物）があります（図1.5は中心に髄がない例）．双子葉植物の根の中心柱では中心に木部があって，木部の断面はいくつかの放射状の突起をもっています．

図1.5には4つの突起がある例を示しましたが，突起は2つ，3つ，4つなどの場合があり，植物の種によって突起の数は決まっています．そして，この突起の位置から，皮層や表皮を突き抜ける形で側根が発生します．そのため，主根を観察すると，側根が2つの方向に出ている場合（ダイコン），4つの方向に出ている場合（ニンジン）などがあって，外から見ても根の中心柱の形が予測できます．側根は，中心柱の最も外側（内皮のすぐ内側）の「内鞘」と呼ばれる細胞層から発生します．

根の皮層と物質の出入り

中心柱と表皮細胞の間には「皮層」と呼ばれる組織があり，その最も内側にあって中心柱を包んでいる細胞層を「内皮」と呼んでいます（図1.5）．内皮の細胞壁は厚く，スベリンという物質を含んでおり，外部から中心柱への物質の透過を制限しています．

皮層はその大部分が，細胞壁の薄い細胞からなる「柔組織」と呼ばれる組織でできています．細胞の間にはすき間があって，このすき間は「細胞間隙」と呼ばれ，液体ではなく気体（空気）が入っていることから「空気間隙」とも呼ばれます．植物体はこの空気間隙を通じて，呼吸に必要な酸素や光合成に必要な二酸化炭素の取り込み・排出を行うことができるので，このすき間は大切な役割をもちます（すぐあとで述べる呼吸根に典型的に見られるように，根も呼吸しているのです）．

皮層の最も外側，つまり表皮の内側には，細胞壁の厚い細胞の層があることがあり，内皮に対して「外皮」と呼ばれます．この層も，外からの物質の侵入を制限していると考えられます．根は外界から植物体内に物質を取り入れるという大切な役割をもっていますが，同時にむやみやたらに物質を中に入れないよう，物質の出入りを制限し，コントロールすることも必要なのです．

1.2.4　いろいろな根の働き

根にはいろいろな働きがあり，その働きから根を分類することもあります．

植物体を支える支柱根

地上の茎の節から出た不定根が地面に潜り込んで，やがて太くなり，植物体を支えるようになります．これを「支柱根」と呼んでいます（図1.6）．身近にはトウモロコシの根もとに見ることができます．

満潮時には根もとが海中に沈むマングローブに生えるヤエヤマヒルギも，根もとを波で洗われて倒れないように，たくさんの支柱根で体を支えています．

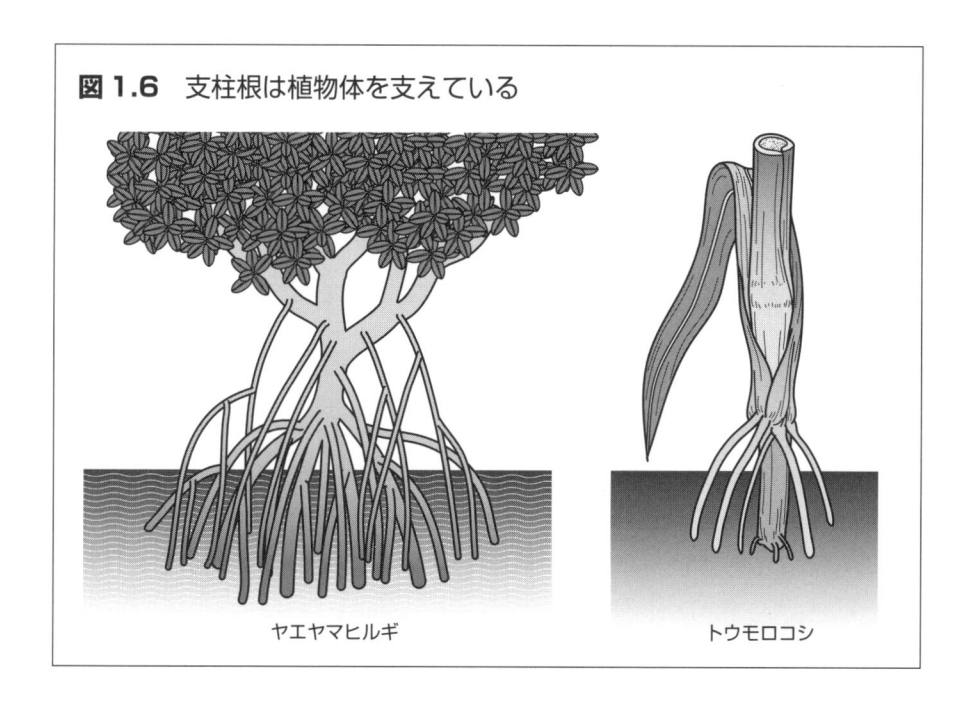

図 1.6　支柱根は植物体を支えている

ヤエヤマヒルギ　　　トウモロコシ

呼吸する根——膝曲根と板根

マングローブでは，根が水中や泥の中にあり，酸素を取り入れるのが困難なため，根の一部をわざわざ地中から空気中に出して呼吸する植物もあります（**図1.7左**）．これを「呼吸根」といい，その形から「膝曲根」または「屈曲膝根」ともいいます．

土の層が薄く，根を深く張れない熱帯雨林では，安定のために，根が板状に発達した「板根」をもつ樹木も見られます（**図1.7右**）．板根は，波打ちながら驚くほど広い範囲にまで広がって植物体を支え，呼吸の働きもしています．

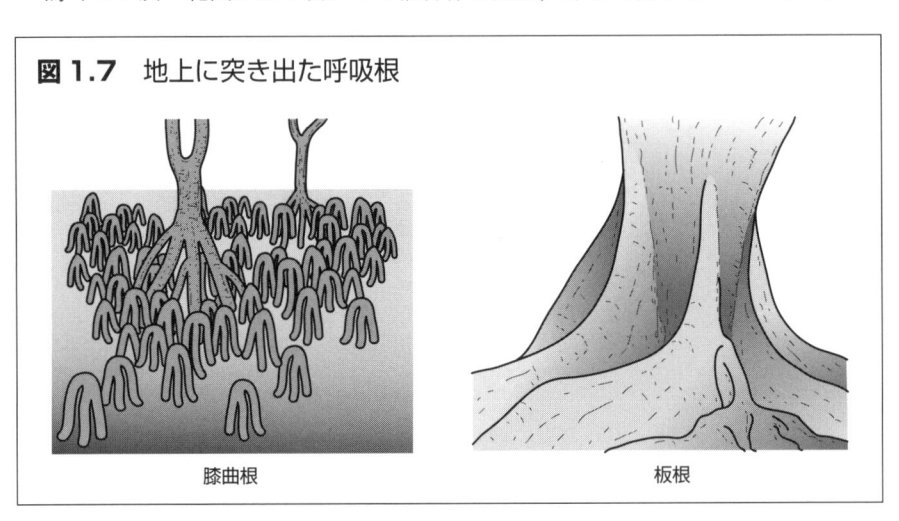

図1.7 地上に突き出た呼吸根

膝曲根　　　　　　　　　　　　板根

ほかの木や岩にくっつく根——付着根と寄生根

キヅタのように，ほかのものによじのぼる性質をもつ植物は，茎から多数の不定根を出し，ほかの木や岩などに付着します（**図1.8左上**）．これを「付着根」と呼びます．

ヤドリギはサクラやブナなどの樹上に寄生し，根をこれらの樹木の枝の中に侵入させます（**図1.8右上**）．このように，ほかの植物に固着して，そこから水や栄養を得るための根を「寄生根」と呼びます．ただし，ヤドリギは，自分でも光合成して栄養をつくり出しているので，完全な寄生植物ではありません．このような植物は，正確には半寄生植物と呼びます．

図1.8 付着根・寄生根・気根の例

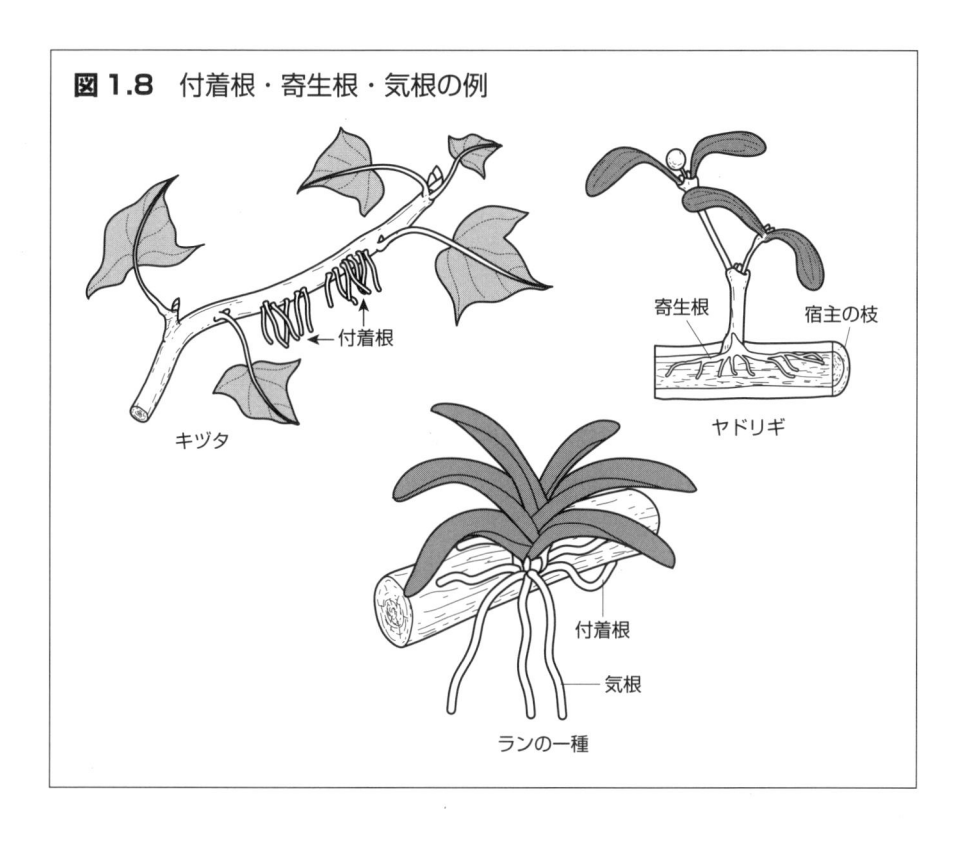

キヅタ　　←付着根

ヤドリギ　　寄生根　宿主の枝

ランの一種　　付着根　気根

空気中に伸びる気根

　樹上に着生（寄生ではない）して生活しているラン科の植物では，木の枝などに付着するための不定根のほかに，空気中にも不定根を伸ばしています．このように空気中に出す根を「気根」と呼びます（**図1.8下**）．

　このようなラン科の植物などでは，気根の先がささくれだっているように見えるものがあります．根の先の表皮細胞が何層にもなって厚くなり，細胞自身は死んで，裂け目ができていることもあります．このような表皮組織（根被という）は，気根を保護する役割もありますが，同時に水をよく吸収する性質をもっていて，植物体から水が失われないように，根の皮層をとくに乾燥から守っています．気根の表皮細胞が緑色をしていて，植物体の中でもこのような表皮組織の一部だけが光合成を行っている，変わったラン科植物もあります．

植物と細菌の助け合い――根粒

　エンドウ，インゲン，ソラマメなど，マメ科の植物では，地中の根に，粒のようなものができています（**図1.9**）．これは「根粒」と呼ばれ，根粒菌という細菌が根にすみつく（共生する）ことによってできる構造体です．

　通常，植物は気体状の窒素を栄養として利用できませんが，根粒菌は地中に含まれる空気から取り込んだ窒素をアンモニアに変えることができます．この働きを窒素固定と呼びます．根粒菌は，植物から有機酸をもらってアンモニアと有機酸からアミノ酸を合成し，植物はそのアミノ酸を利用しています．

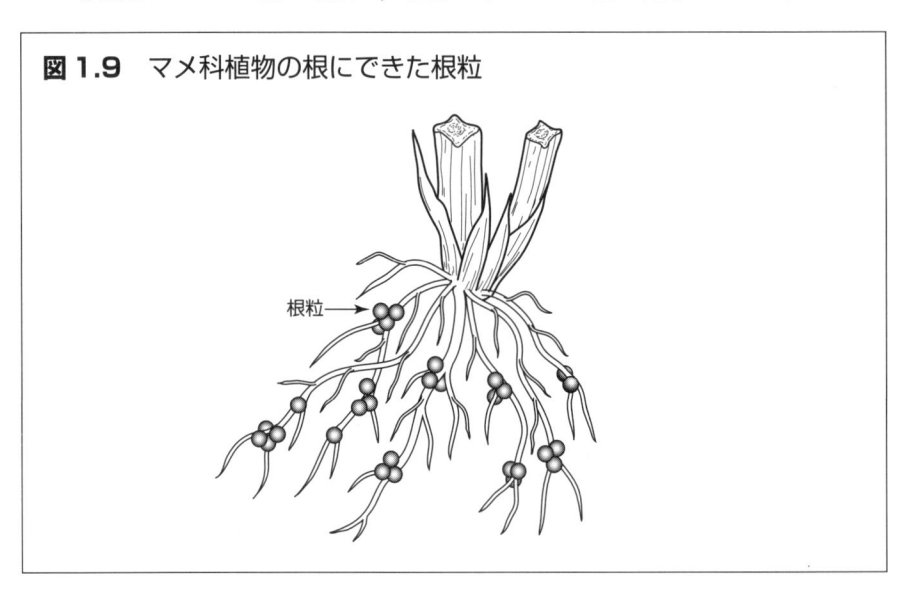

図1.9　マメ科植物の根にできた根粒

栄養を蓄える貯蔵根

　ダイコン，ゴボウ，ニンジンの食用にする部分はおもに主根です．このように根がデンプンなどの養分を蓄える役割をもっているとき，これを「貯蔵根」と呼びます（後出の**図1.13**）．ラン科のテガタチドリ（後出の**図1.12**）や，サツマイモのように，茎から出たひげ根（不定根）がデンプンを蓄えて貯蔵根となる場合もあります．このような貯蔵根をその形状から，「塊状根」または「塊根」と呼んでいます．

1.3 シュートの形と働き

シュートとは？

あまり聞き慣れない言葉かもしれませんが，「シュート」とは，植物の形を表すための重要な言葉です．植物の芽が成長するときには，必ず茎と葉が同時にできてくるので，茎とそのまわりにつく葉は一つのまとまりをもっています．このまとまりをシュートと呼びます．

シュートの繰り返し構造

図1.10を見てください．植物の芽が成長するときには，頂端分裂組織のまわりに，「葉原基」と呼ばれる，葉のもとになる突起が次々にできます．葉が展開するとともに，葉がそのまわりについている部分が次々に伸びて茎になります．

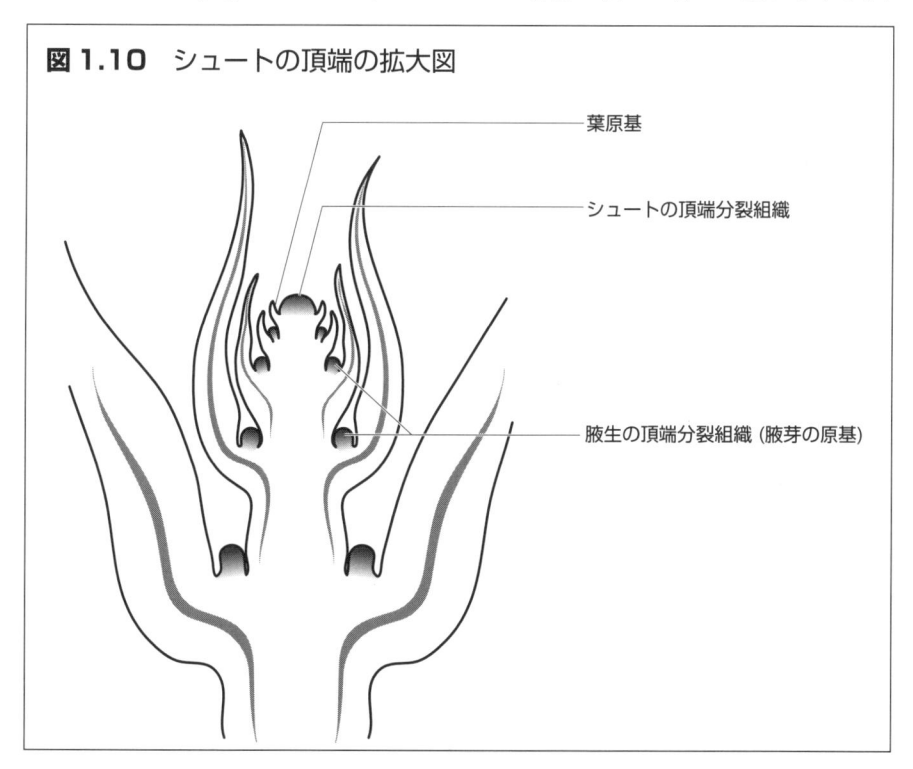

図1.10　シュートの頂端の拡大図

- 葉原基
- シュートの頂端分裂組織
- 腋生の頂端分裂組織（腋芽の原基）

これが一つのシュートです．

それぞれの葉の付け根（葉腋）には，腋生の新しい頂端分裂組織ができ，これが腋芽になります．腋芽の頂端分裂組織の活動によって，また新しいシュートが形成されて，これが伸びて側枝となります．このようにシュートの上に新しいシュートができて，植物の体の大きな特徴である「繰り返し構造」ができます．

枝分かれのしかた——単軸分枝と仮軸分枝

シュートの頂端が花になると，そのシュートはそれ以上は成長できません．しかし，花の近くにある葉の腋芽が新しいシュートを形成するので，植物体は成長を続けることができます（**図1.11右**）．

図1.11aでは，葉が対生していて（対になってつくこと．後出の**図1.16**参照），その腋芽が伸びるため，2つの腋芽が同時に伸びて新しい枝ができます．見かけ上は二またに枝分かれして伸びていくように見えます（ナデシコ科など）．

一方，**図1.11b**のようにシュートが1つずつ伸びていく場合には，通常はジ

図1.11 単軸分枝と仮軸分枝

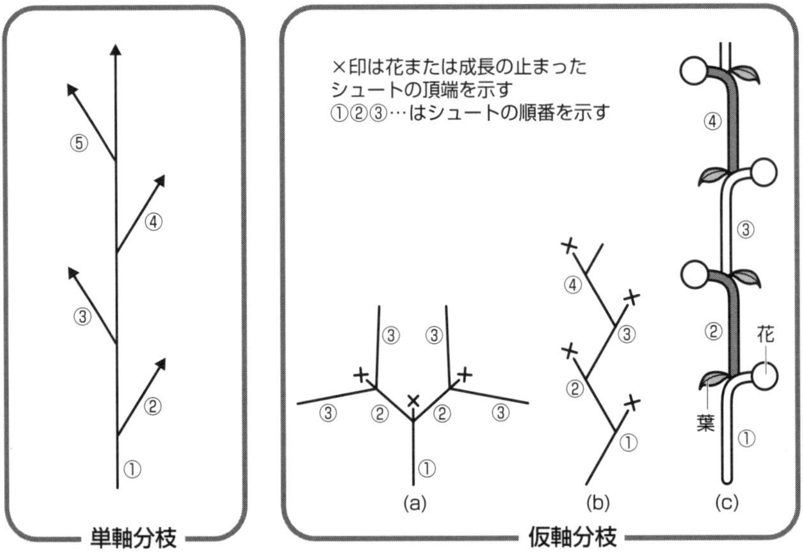

×印は花または成長の止まった
シュートの頂端を示す
①②③…はシュートの順番を示す

単軸分枝／仮軸分枝

グザグになりますが，**図1.11c**のように新しいシュートが花を押し倒すように伸びていく場合，全体がまっすぐになってしまう場合もあります（ヨウシュヤマゴボウなど）．これらの場合は，枝が1本のシュートからできているわけではなく，**図1.11c**のように見かけ上は1本に見える枝もたくさんのシュートがあわさったものになっているため，これを「仮軸分枝」と呼んで，頂端に花が咲かずにどんどん伸びる1つのシュートからできる通常の枝（「単軸分枝」という．**図1.11左**）とは区別します．

ただし，シュートの先端が花で終わらなくても，シュートの先端が単に成長をやめてしまい，次の成長は常に腋芽が行うために，仮軸分枝によって成長を続けていく植物もあります（「ミニ植物図鑑」のクスクスラン（p.19））．

さまざまなシュート

チューリップの球根も，一つのシュートです．ただし，茎の部分は極端に短く，たくさんの葉（鱗片葉）がそのまわりについていて，節間は短縮しています（**図1.12**）．新しいシュートは腋芽として鱗片葉の付け根から出ます．

タケノコの場合，私たちがふだん竹の皮と呼んでいる部分も葉（稈鞘という）で，この葉はすぐに落ち，やがて節と節の間が伸長し，さらに枝となるシュートが落ちた葉の葉腋から伸びます．

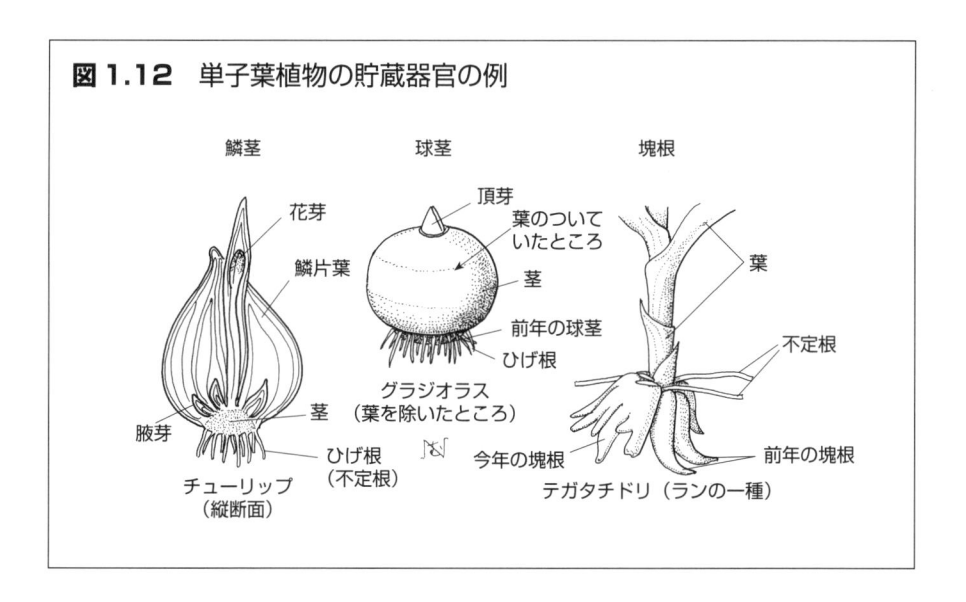

図1.12　単子葉植物の貯蔵器官の例

鱗茎　　　球茎　　　塊根

チューリップ（縦断面）：花芽，鱗片葉，腋芽，茎，ひげ根（不定根）

グラジオラス（葉を除いたところ）：頂芽，葉のついていたところ，茎，前年の球茎，ひげ根

テガタチドリ（ランの一種）：葉，不定根，今年の塊根，前年の塊根

植物によっては，茎の部分が著しく肥大して養分を蓄える場合もあります（**図**1.12のグラジオラスや，後出の**図**1.13のコールラビなど）．

養分を貯蔵する器官

私たちは「球根」という言葉をよく使いますが，植物学的にきちんと観察すると，そのなりたちは根ではない場合がほとんどです．

たとえば，さきほども述べたように，チューリップの球根は，短い茎のまわりに「鱗片葉」と呼ばれる葉が何重にも重なってついている一つのシュートで，根ではありません（**図**1.12）．実際の根は，球根の底にある短い茎から出る不定根です．このような球根は，植物学上は，「鱗茎」と呼ばれます．私たちがふだん食べているタマネギやニンニク，ユリ根も，鱗茎です．

鱗茎の場合，養分は鱗片葉，つまり葉に蓄えられています．鱗片葉の付け根（葉腋）には腋芽ができ，これが新しいシュートとして発達します．

グラジオラスの球根は，チューリップの球根と外見は似ていますが，**図**1.12のように外側を覆っている乾燥した繊維状の葉（鱗片葉）を取り除くと，その本体は養分を蓄えて肥大した茎であることがわかります．このような茎は，植物学上は「球茎」と呼びます．グラジオラスでは，球茎から葉を取り除くと，葉のついていた跡が輪状に残ります．今年の球茎の下には，前年のしぼんだ球茎があって，毎年これが積み重なっていきます．グラジオラスの根は，この茎の基部の節から出る不定根です．

食用にするサトイモやコンニャクイモも球茎です．クロッカス，ヒメヒオウギズイセンなど，球茎をつくる園芸植物はたくさんあります．これらはいずれも単子葉植物です．ラン科植物では，茎の一部が肥大して養分を蓄えることが多く，これを「偽鱗茎」や「偽球茎」と呼んでいます．これらも一種の球茎です（「ミニ植物図鑑」のクスクスラン（p. 19））．

植物によっては，球根とは呼ばず，「いも」などと呼んでいることも多いのですが，養分を蓄える部分がほんとうに根である場合もあります．**図**1.12に示したように，テガタチドリというランの一種は，毎年不定根が養分を蓄えて肥大し，手のような形になるので，このような名前がつきました．この蓄えた養分を使って，植物体は毎年新しいシュートを出します．このように養分を蓄えて肥大した根は「塊根」または「塊状根」と呼びます．

これに対して，地下茎や根茎（横に伸びる茎）の一部が肥大して養分を蓄え

| ミニ植物図鑑 | 被子植物・ラン科 |

クスクスラン
Bulbophyllum affine

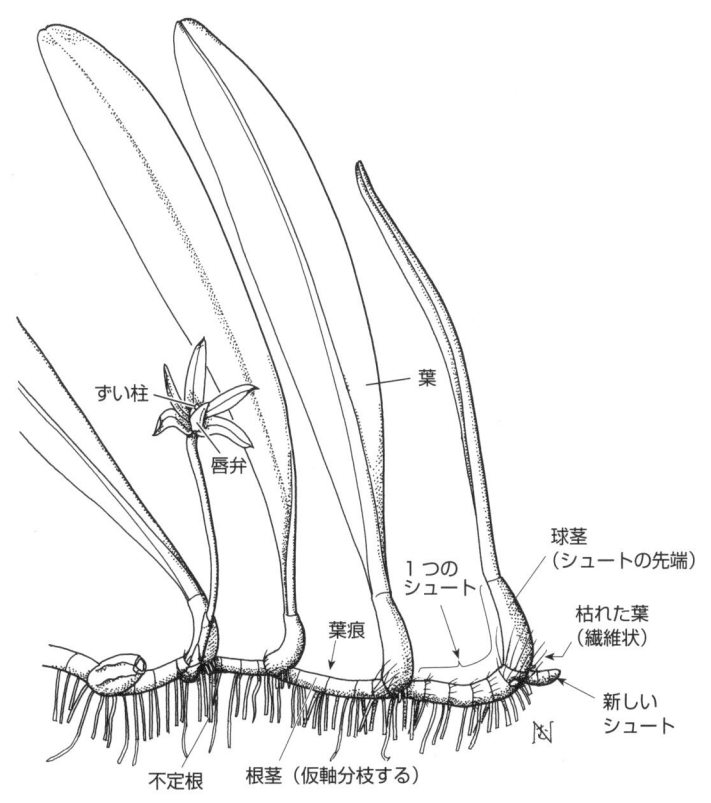

図中のラベル: ずい柱、唇弁、葉、球茎（シュートの先端）、1つのシュート、葉痕、枯れた葉（繊維状）、新しいシュート、不定根、根茎（仮軸分枝する）

　奄美大島から中国南部，ヒマラヤ，インドシナ半島にかけて分布し，樹幹に着生します．根茎は不定根を出し，仮軸分枝を繰り返して成長します．1つのシュートの先端の節間が肥大して球茎（偽球茎や偽鱗茎ともいう）となり，その先に長さ10 cm以上の革質の葉を1枚つけ，シュートの成長はそこで終わりますが，球茎の下の節から新しいシュートが出ます．根茎の節には膜質の鱗片葉がつき，これが枯れたあとは繊維状に残ります．根茎の節から花茎を伸ばして，花を1つつけます．花は黄褐色で，花被片は3枚ずつ二環についています．向軸側の内花被片だけは朱紅色で形も異なり，唇弁と呼ばれます．雄ずいと雌ずいは合体していて，ずい柱と呼ばれます．

ている場合があり，「塊茎（かいけい）」と呼びます（ショウガなど）．単子葉植物の場合は，鱗片葉が茎を取り巻いてつくので，葉のついていた跡がまるい輪になって残り，その部分が茎であると判定することは比較的簡単です（**図1.12**のグラジオラス）．このほか，ヤマノイモのつる（巻きつき茎）にできるむかごも塊茎の一種です．

　これまで見てきた例はいずれも単子葉植物ですが，双子葉植物の場合も，養分を蓄えて肥大する部分はいろいろです（**図1.13**）．ダイコンでは，おもに主根が養分を蓄えて肥大します．カブやシクラメン，ビートの場合は胚軸（胚の子葉より下の部分）が養分を蓄えます（ダイコンも上部は胚軸）．コールラビのように，見かけはカブと似ていますが，子葉より上の茎の部分に養分を蓄える場合もあります．

　双子葉植物の「いも」も，ダリアやサツマイモのように塊根の場合と，ジャガイモのように塊茎である場合とがあります．ジャガイモの場合は，塊茎の上にはたくさんの芽があります．キクイモ，グロキシニアなども塊茎をつくります．木本植物では，地下に木化した塊茎をもつ場合も多く見られます．

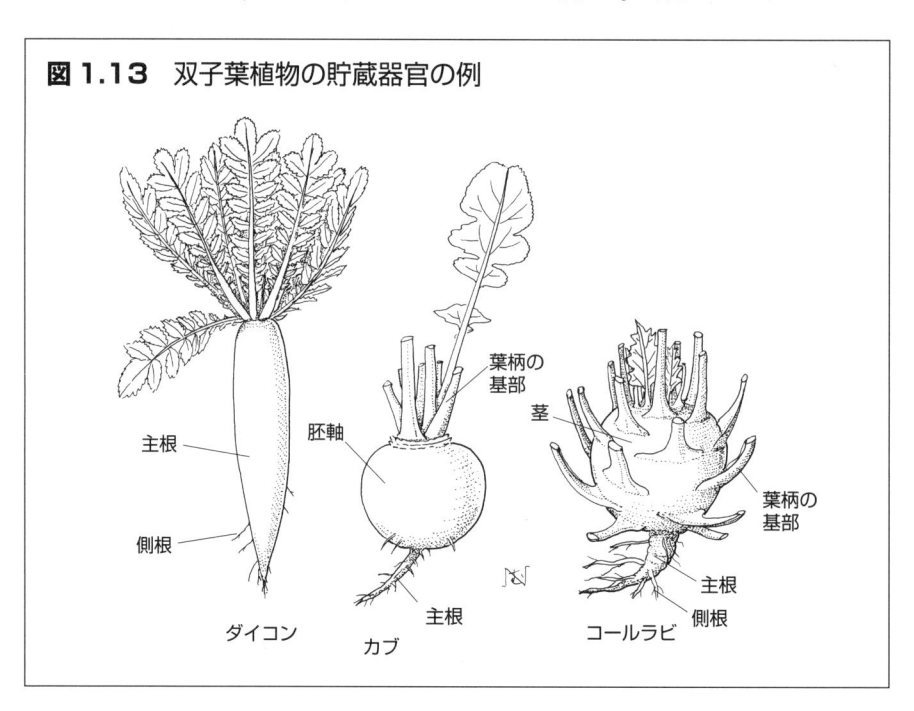

図1.13　双子葉植物の貯蔵器官の例

第1章　植物のかたち

1.4 葉のさまざまな形

1.4.1 葉身と葉柄

葉は，茎のまわりに多数ついていて，植物の生活に必要な光エネルギーを効率よく取り入れられるように，多くは平らな構造をしています．この平らな部分を「葉身」と呼び，柄がある場合にはこれを「葉柄」と呼びます（**図1.14**）．

葉身にはいろいろな形がある

葉身には，楕円形，卵形，心形（いわゆるハート形）など，いろいろな形があり，それぞれの植物を特徴づけています．ふちにギザギザ（鋸歯と呼ぶ）がある場合も，なめらかな場合もあれば，深く切れ込んだ葉もあります．

このような特徴は，未知の植物を図鑑などで調べるための手がかりになります．そのため，葉身の形や特徴を示す用語はたくさんあります．

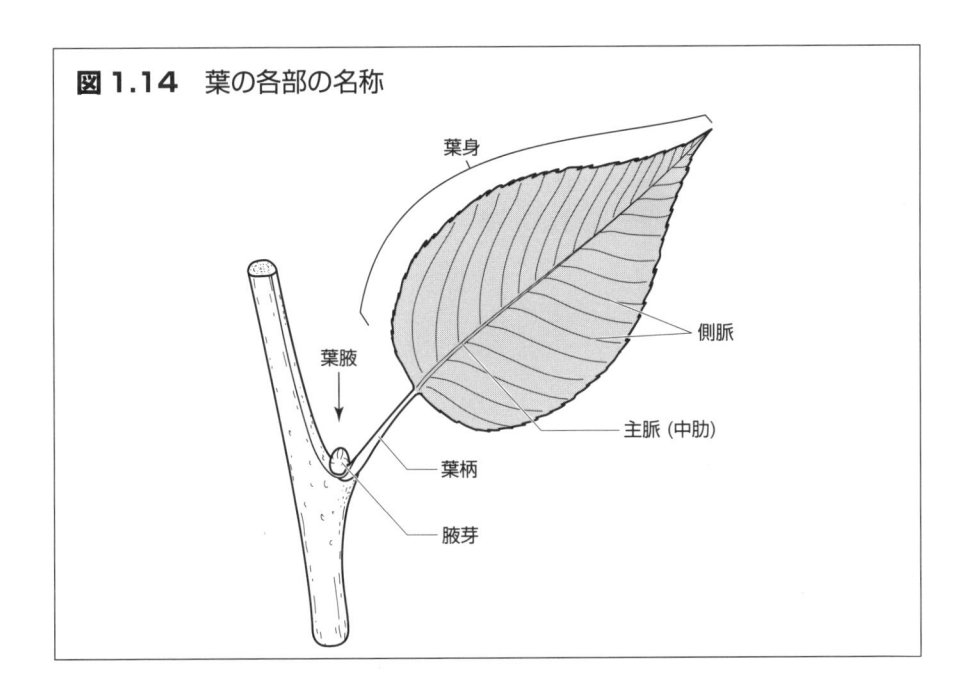

図1.14　葉の各部の名称

（葉身，側脈，葉腋，主脈（中肋），葉柄，腋芽）

葉には表と裏がある——向軸面と背軸面

　葉は，平面的な構造をしているので表と裏がありますが，あとであげる例のように，表や裏という表現はわかりにくいこともあるので，葉が形成されるときに軸（茎）に向かっている側を「向軸面」と呼び，その反対側を「背軸面」と呼びます．例外もありますが，ふつうは葉の向軸面が上面（表）になり，背軸面が下面（裏）になります（**図 1.15**）．このように表裏のある構造を背腹性といいます．そして，向軸面を「腹面」，背軸面を「背面」と呼ぶこともあります．

　ウラハグサのように，葉柄がねじれて，表と裏が逆転している場合もあります．また，ネギのように，葉が茎を輪状に取り巻いて長く伸び，背軸側が表と思われる場合もあります．さらにネギの場合，葉の先端の緑色の部分を見ると，どこから見ても同じようで，どこが表だかわかりません．しかし，基部までたどってみると，葉は茎を取り巻くようになっていて，向軸面が内側，背軸面が外側になっていることがわかります．カキツバタの葉では，葉の表も裏も同じように見えますが，葉の基部までたどって調べると，葉は向軸側を内側にした2つ折りになっていて，葉の表と裏に見えたところはどちらも背軸側であることがわかります（このような葉を単面葉と呼びます）．

　なお，腋芽として発生するシュートの葉についても，向軸側，背軸側という言葉を使いますが，その場合には，主軸に向かってシュートにつく葉を向軸側の葉，これとは反対側につく葉を背軸側の葉，それと直角の方向に出る（両わきに出る）葉を側方に出る葉と呼んでいます．

図 1.15　葉の表と裏——向軸面と背軸面

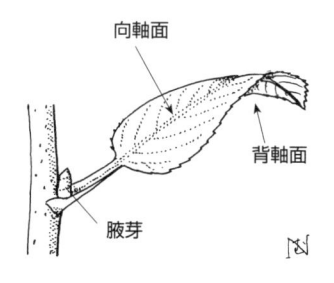

葉柄と葉の基部の特徴

葉には多くの場合，葉柄がありますが，ない場合もあります．スグリのように，葉身が落ちたあと，葉柄だけが堅く木化してとげになり，長いあいだ茎に残って，植物を保護する働きをもつこともあります．

葉柄がない場合，葉の基部にもいろいろな特徴が現れます．葉の基部が広がって茎を包むようになっている場合，葉が茎を「抱く」といいます．葉のふちがそのまま流れるように茎に沿って下のほうに向かって茎についている場合もあって，葉が茎に「沿下(えんか)」するなどといいます．

葉の基部が筒のようになって，さやのように茎を包むこともあります．このような場合は，これを「葉鞘(ようしょう)」と呼んでいます（イネ科．4.4.12項を参照）．

葉の並び方──葉序

茎につく葉の並び方にはいろいろあります（**図1.16**）．互生（1つの節に葉が1枚ずつ互い違いにつく．カキツバタ，タイサンボク），対生（1つの節に葉が

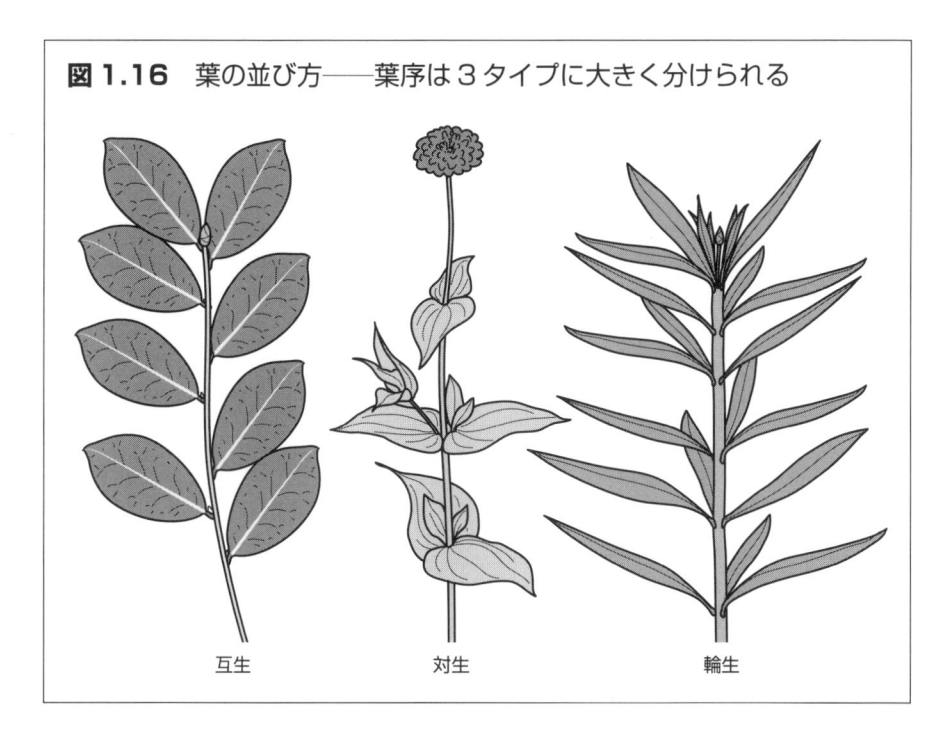

図1.16 葉の並び方──葉序は3タイプに大きく分けられる

互生　　対生　　輪生

向かい合って2枚ずつつく．クチナシ，ヒャクニチソウ），輪生（1つの節に葉が3枚以上つく．キョウチクトウ）に大きく分けられ，このような葉の並び方を「葉序」と呼びます．互生する場合でも，葉がらせん状につく場合もあれば，互い違いに並ぶ場合（二列互生）もあります（上から見ると完全に2列に並んでいる場合で，アヤメなど，単子葉植物によく見られる）．

植物の種によって，成熟した植物体では葉序の特徴は決まっていることが多く，同じ科に属するすべての種で一定している場合もあります（アカネ科は対生など）．

葉身には単葉と複葉がある

葉身は，1枚の平らなものであることもありますが，多数の小さな部分からできていることもあり，前者を「単葉」と呼び，後者を「複葉」と呼んでいます（**図1.17**）．

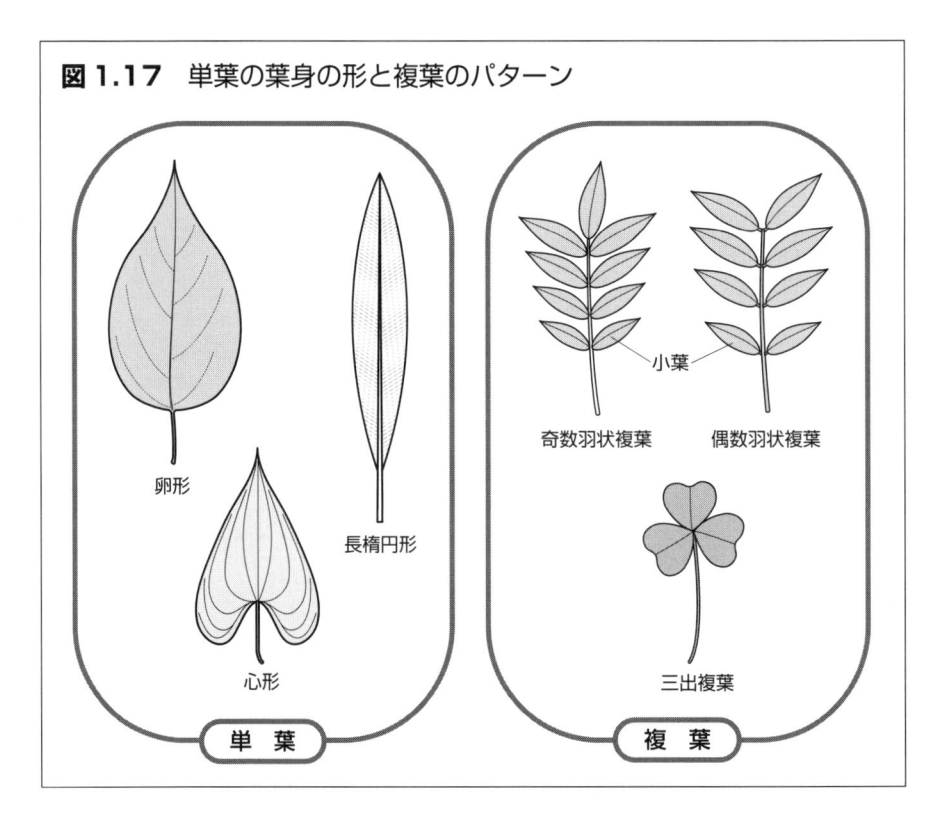

図1.17　単葉の葉身の形と複葉のパターン

単葉：卵形，長楕円形，心形

複葉：奇数羽状複葉，偶数羽状複葉，三出複葉（小葉）

複葉を構成する小さな単位を「小葉」と呼びます．小葉は，文字どおりの小さな葉という意味ではなく，複葉の構成単位をさします．複葉の場合は，小葉の集まり全体が1つの葉原基から形成されるため，全体を1つの葉と考えます．葉身の形，複葉のパターンにもさまざまなものがあり，それぞれの植物を特徴づけています（**図1.18**）．

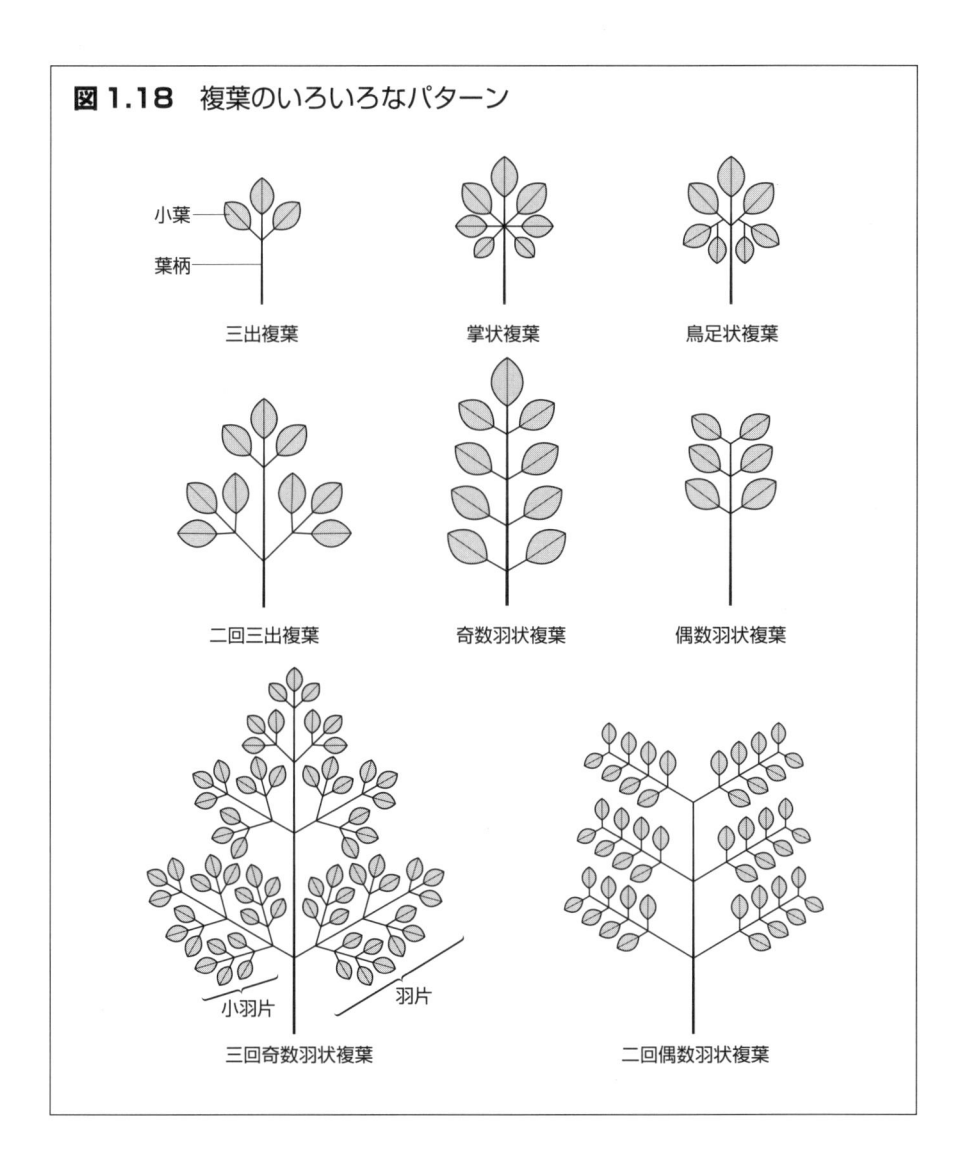

図1.18　複葉のいろいろなパターン

小葉
葉柄

三出複葉　　掌状複葉　　鳥足状複葉

二回三出複葉　　奇数羽状複葉　　偶数羽状複葉

小羽片　　羽片

三回奇数羽状複葉　　二回偶数羽状複葉

さまざまな複葉

複葉がよく見られるのは，バラ科やマメ科の植物です．「ミニ植物図鑑」のノイバラ (p. 143) やエンドウ (p. 44) の葉を見てください．これらのような複葉は，全体の形を鳥の羽根に見立てて，「羽状複葉」と呼んでいます．ノイバラの場合は先端にも小葉があるので，小葉の数が奇数になり，「奇数羽状複葉」と呼びます．マメ科のネムノキやサイカチではこの先端の小葉がなく，「偶数羽状複葉」と呼びます（図1.18）．

クズやシロツメクサ（クローバー）では，葉身は3つの小葉からなり，「三出複葉（または三出葉）」と呼ばれます（図1.17）．図1.18に示したように，この枝分かれを2回繰り返している場合には，「二回三出複葉」といいます．

羽状複葉の場合も，枝分かれを2回，3回と繰り返す場合があります．このように何回も枝分かれした葉をもつ場合（シダなど）には，主軸の両わきについている小葉の集まりを「羽片」と呼び，それぞれの羽片がさらに枝分かれしているときにはそのそれぞれを「小羽片」と呼びます（図1.18と「ミニ植物図鑑」のイヌワラビ (p. 108) を参照）．

シダの葉の中には，ウラジロのように，このような複葉が何年も成長し続けるものがあります．ウラジロでは，1対の羽片の中心に分裂組織があって，毎年新しい1対の羽片を出します．

1.4.2 葉脈のパターン

葉には「葉脈」と呼ばれるすじがあります．図1.14のように，中心となる太い脈がある場合にはこれを「主脈（または中肋）」と呼び，そこから側方に枝分かれしている葉脈を「側脈」と呼びます．

葉脈には水分や養分の通り道となる維管束が通っています．維管束は根から茎を通じて葉までつながっており，根から吸収した水は維管束を通じて葉まで運ばれます（詳しい説明は2.1.1項）．葉で光合成によってつくり出された養分は，維管束を通じて植物体のほかの部分（貯蔵器官や成長している部分など）へ運ばれます．

葉脈がさらに細かく枝分かれしている場合は「網状脈」と呼び，葉脈が枝分かれせず多数の葉脈が平行に走っている場合は「平行脈」と呼びます．双子葉植物の葉脈は一般に網状脈ですが，単子葉植物では平行脈です．アヤメやイネ

図1.19 葉脈の走り方

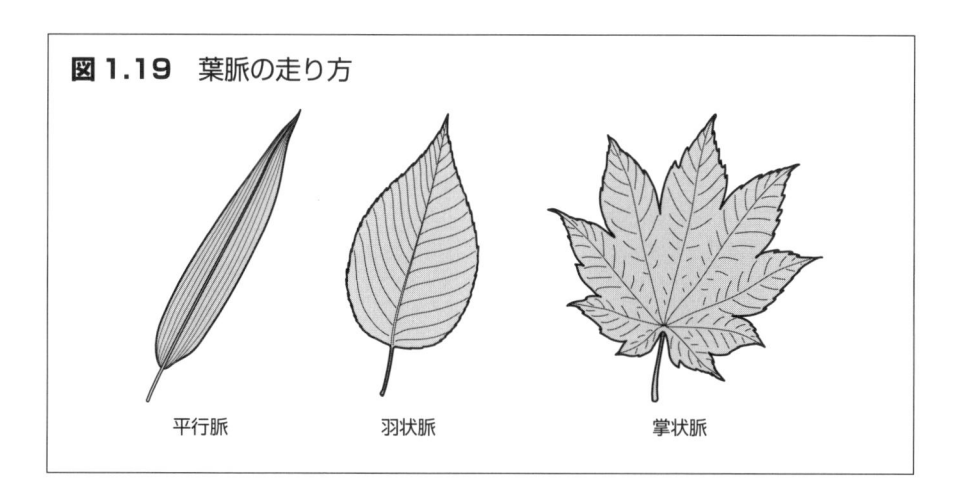

平行脈　　　　　羽状脈　　　　　　掌状脈

の葉を思い浮かべてみてください．

　カエデやカジイチゴのように，1カ所から多数の葉脈が手のひら状に広がっていることもあります（**図1.19**の掌 状 脈）．葉脈にはさまざまなパターンがあり，それぞれの植物を特徴づけているので，葉脈を観察することも，種を識別するのに役立つ場合があります．

1.4.3　さまざまな形の托葉

　葉には付属物が見られることもあります．葉の基部に1対の葉のような構造が見られる場合があり（バラ科，マメ科など），これを「托葉」と呼びます（「ミニ植物図鑑」のノイバラ（p. 143），エンドウ（p. 44）の葉を参照）．

　托葉は，とげ（アカシア，ハナキリン）や巻きひげ（サルトリイバラ）に変化していることもありますが，アカネ科で見られるように，ときには普通葉と同じような形をしていることもあります（ヤエムグラ）．

　また，モクレン科の植物によく見られるように，托葉が芽を包んで保護しており（コブシ，ユリノキ），芽が展開するときには落ちてしまうこともあります．モクレン科では，托葉の落ちた跡が枝のまわりにまるく残り，これを「托葉痕」と呼びます．落ちずにいつまでも残り，木化して堅くなる托葉もあります（アカシアの一種に見られる）．

　托葉は，双子葉植物ではよく見られますが，単子葉植物では珍しく，1枚の場合や，サルトリイバラのように1対見られる場合があります．

1.4.4 葉の内部構造

葉の構造を細かく見ると，葉の表面には，「クチクラ」と呼ばれる不飽和脂肪酸からなる層が発達していて，水分がやたらに失われないように葉の組織を保護しています．葉の断面を見ると，いくつかの細胞が層をつくっています．葉の上面にも下面にも，1層の「表皮組織」があり，その間を「葉肉組織」が埋めています（図 1.20）．

葉肉組織は，細胞壁が薄い柔組織で，細胞の形によって，「柵状組織」，「海綿状組織」などと呼び，細胞の間には細胞間隙があります．この細胞間隙は空気の通り道になっています．葉の下面の表皮組織にはところどころに「気孔」と呼ばれる小さな穴があいており，ここから空気を取り込み，細胞間隙を通じて，光合成に必要な二酸化炭素が葉全体に吸収されます．水は葉肉組織の間を通っている維管束を通じて供給されます．

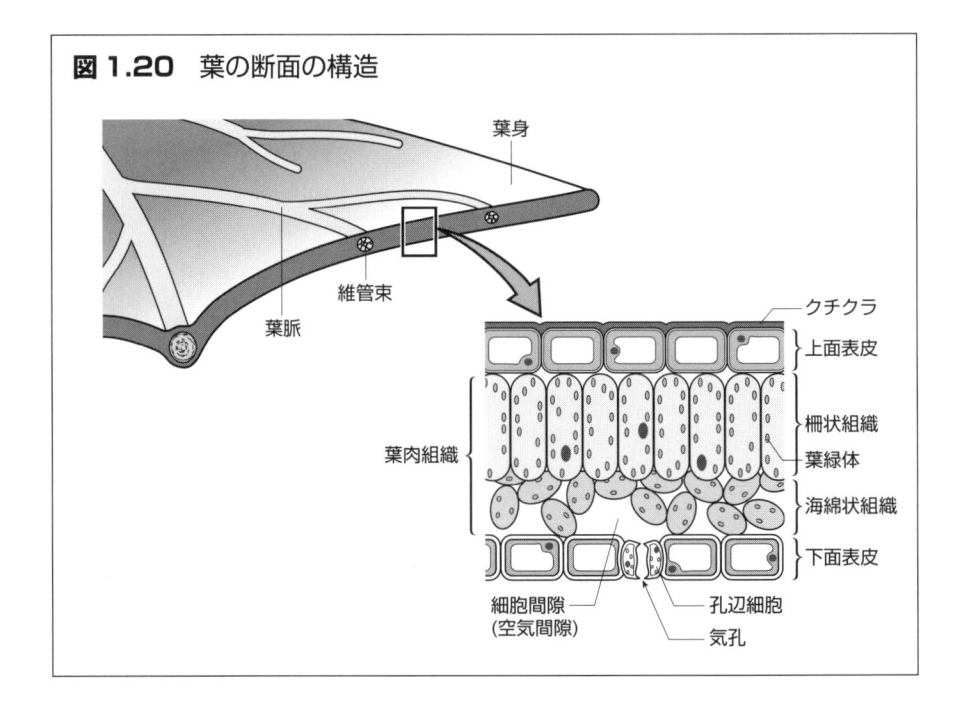

図 1.20 葉の断面の構造

1.4.5 葉のさまざまな変形

　これまで説明してきた葉は，光合成をする一般的な葉ですが，植物によっては，葉の形は著しく変形しています．たとえば，サボテンでは葉はとげに変化していて，光合成の働きはせず，外敵（捕食者）から身を守る役割をもちます．そのかわりに茎が多肉化して水分を蓄え，光のエネルギーを吸収する役割も果たすようになっているのです．

　また，食虫植物では，葉が変形してトラップ（わな）を形成していることもあります（たとえば「ミニ植物図鑑」のウツボカズラ（p. 31））．ウツボカズラやサラセニアでは，葉が水差し状に変化するだけでなく，酸やタンパク質分解酵素を分泌して，捕らえた昆虫を分解し，アミノ酸を吸収して窒素源として利用しています．

　樹上で生活する植物の中には，一部の葉が植木鉢のように変形して，その中に落ち葉などがたまって土になり，その中にアリがすみついて植物に窒素を供給するようになるものがあります．そして，その葉の上の節から出た不定根がその植木鉢の中にたまった土から養分を吸収するような特殊な例もあります．

　同じ植物体でも，葉の形はさまざまに変化することがあります．たとえば，植物体でいちばん最初にできる葉は子葉と呼ばれ，あとから出る葉とは，形が異なっています．

　1つのシュートで，はじめに出る葉とそのあとに出る葉の形に違いがあることもよくあります．たとえば，四季のある温帯に生えている樹木の多くは，休眠芽（冬芽）をつくって冬を越します．サクラの冬芽を分解してみると，鱗片状の葉から，しだいに普通葉へと移行していくことがわかります（**図1.21**）．このような鱗片葉（芽鱗）は葉緑体をもたず，若いシュートを保護する働きをしています．このように，シュートのはじめのほうに出る葉（鱗片葉）と，あとから出る葉（普通葉）が異なっている場合，はじめのほうに出る葉を「低出葉」と呼びます．

　単子葉植物でも，シュートのはじめに出る葉は，あとから出る葉と形が異なっていることがよくあります．チューリップやタマネギでは，シュートのはじめに出る葉は，鱗茎を形づくっている鱗片葉で，養分を蓄える働きをしています．膜質や繊維質の葉が，球茎全体を覆って保護している場合もあります（グラジオラス）．これらも一種の鱗片葉です．春になると，球茎の先端に普通葉が

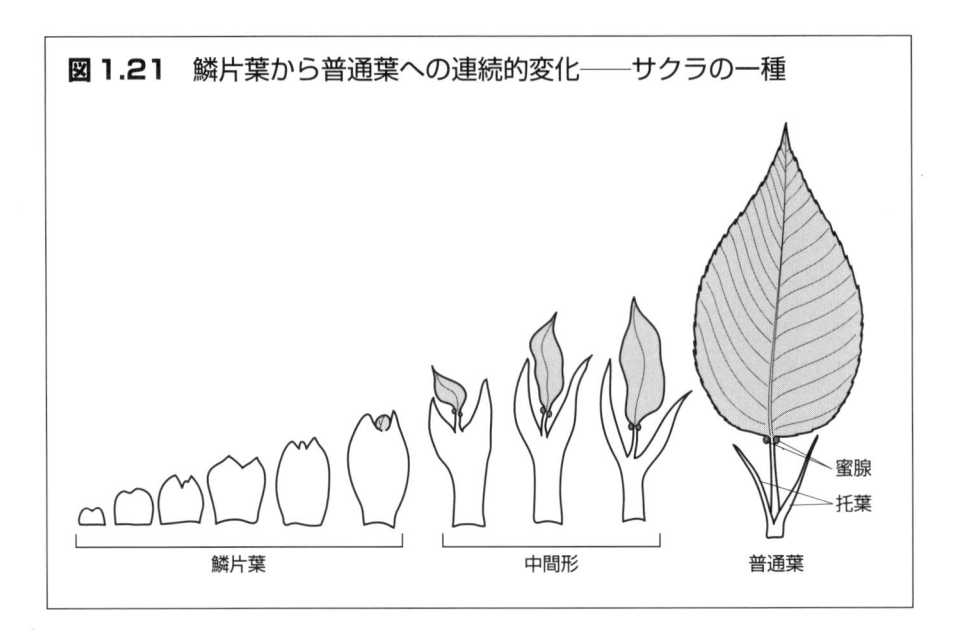

図1.21　鱗片葉から普通葉への連続的変化——サクラの一種

鱗片葉　　中間形　　普通葉

蜜腺
托葉

つくられてそれが地上に伸び，光合成を行います（**図1.12**）．このように，鱗茎や球茎を覆っている鱗片葉も低出葉です．

　腋芽として発生するシュートの，最初に出る葉を「前出葉」または「前葉」と呼びます．これらは形が特殊な場合が多いものの，そのあとに出る葉と形がほとんど変わらない場合もあります．前出葉は1枚のことも2枚のこともあります．単子葉植物では1枚が向軸側（蓋葉の反対側）に出ます．双子葉植物では，ユリノキのように1枚が向軸側に出る場合もありますが，多くは2枚が側方に出ます．

　キク科植物では，地ぎわから出ている葉は節間が短く，「根出葉」と呼び（根から出ているわけではないのですが，そのように見えるので），伸長した茎についている葉は「茎葉」と呼んで区別することがあります．

　すでに述べたように，花をつけるときには，付近の葉の形が変化することが多く，葉腋に花を抱いている葉を「苞葉」と呼びます（詳しくは3.1.2項）．苞葉も，花芽を保護する働きをもっていて，葉緑体をもたないことも多く，しばしば形も鱗片状になります．1つのシュートに連続してつく葉として見ると，普通葉から苞葉へと連続的に変化することもあります．そこで，このように，シュートの上のほうにつく葉が普通葉と区別できる場合には，これを「高出葉」

ミニ植物図鑑　被子植物・ウツボカズラ科

ウツボカズラ属
Nepenthes

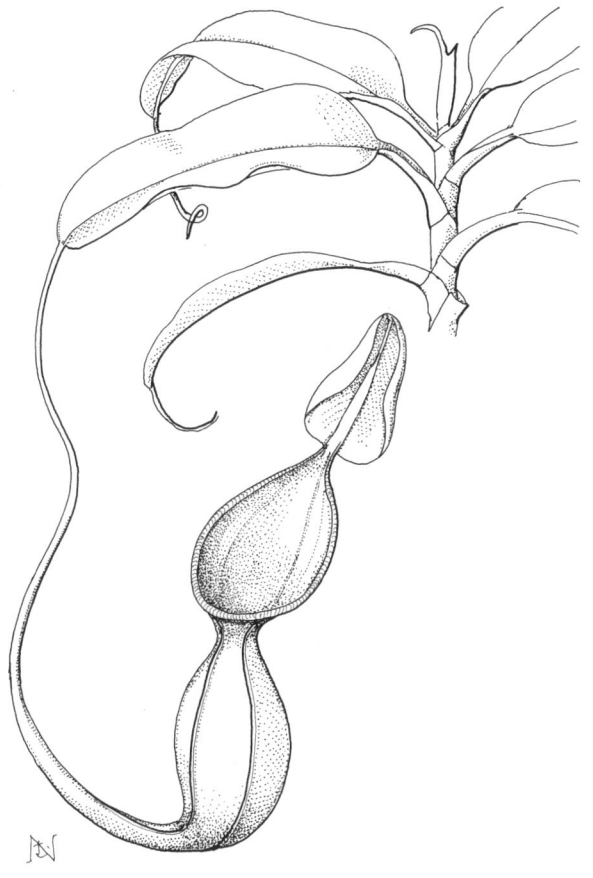

　熱帯アジアに分布する食虫植物．葉の先が長く伸びてほかの物にからみつくか，またはその先がふくらんで水差し状になります（嚢状葉）．袋の入り口付近で蜜を分泌して昆虫を引きつけ，襟はつるつるですべりやすく，たまった水の中に昆虫を落とし込むしかけになっていて，落ちたアリなどの昆虫は消化されます．雄株と雌株があり，花は一年中咲きます．花には，小さな花被片が3,4枚あるだけで，総状花序に多数が咲きます．果実は蒴果で，小さな糸状の種子を風で飛ばします．

と呼びます.

　花は,軸のまわりにがく片や花弁などの葉状のものがついていて,これ全体を1つのシュートとみなすことができます.つまり,花は特殊化したシュートといえるのです.

1.4.6　葉のように見える茎

　一見すると葉のように見える構造も,その発生のしかたや内部構造から見ると,葉ではなく茎であることがあります.ユリ科のナギイカダでは,葉のように見える扁平な部分は茎(葉状茎)で,その基部にある鱗片状の小さな付属物のように見える部分が葉です(図1.22).つまり,この鱗片状の葉の葉腋から伸びた枝が,この葉状の部分で,さらにその上に鱗片状の葉ができて,その腋に花芽ができます.この鱗片状の葉は花を抱いているので,苞葉ということになります.アスパラガスの葉のように見える細かいものも,じつはたくさんの枝で,その基部を見ると小さな鱗片状の葉がついています.

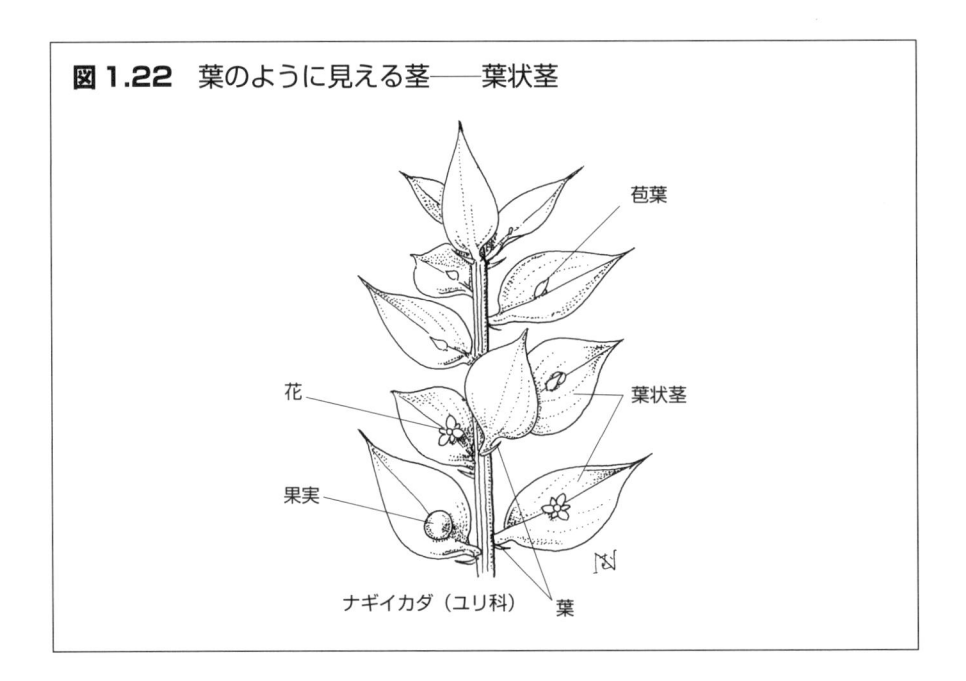

図1.22　葉のように見える茎——葉状茎

1.5 茎の形と成長

1.5.1 茎の内部構造

　茎の表皮は，根と同じように，ふつう1層の細胞層からなります．表皮細胞どうしはすき間なく密着して，植物体の全体を覆っています．茎でも，根や葉と同じように，さらに表皮の外側にクチクラが発達しています．クチクラは，植物体からむやみに水が奪われるのを防いでいます．

　茎にも，根と同じように中心柱が見られ，表皮と中心柱との間の部分を皮層

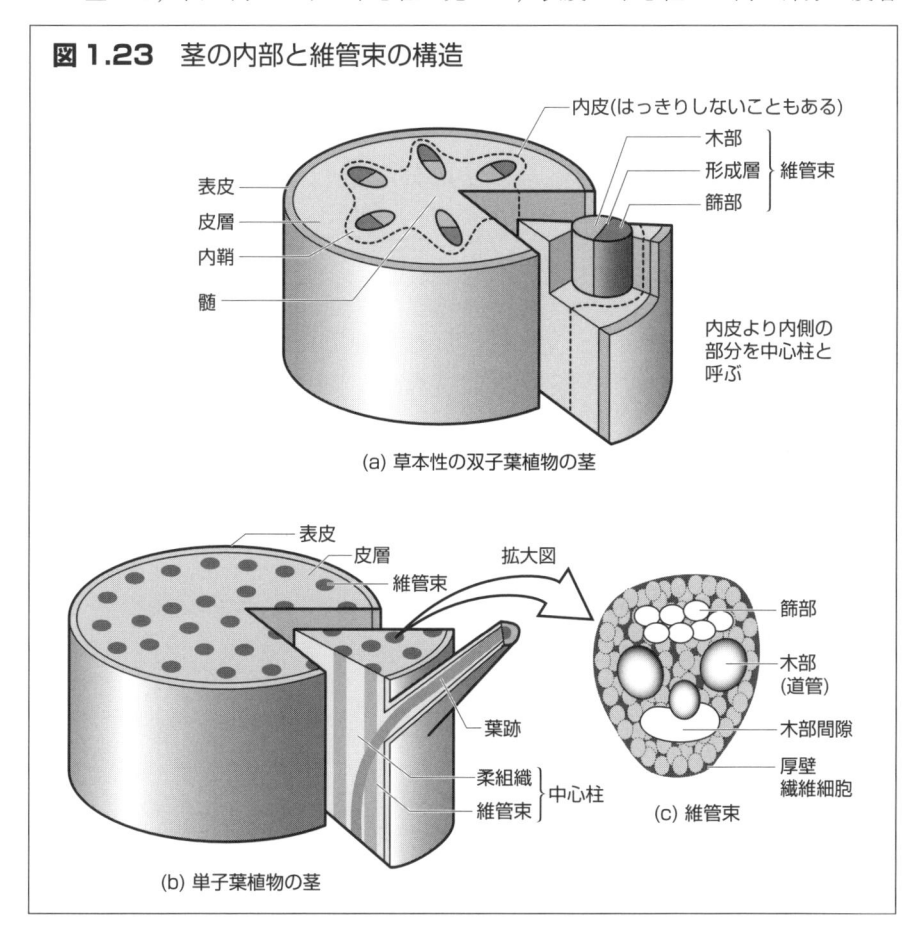

図 1.23　茎の内部と維管束の構造

(a) 草本性の双子葉植物の茎

(b) 単子葉植物の茎

(c) 維管束

と呼びますが，茎では内皮ははっきりしていないことが多く，皮層と中心柱の区別はあまりはっきりしません（**図1.23**）．茎では，茎をしっかりと立たせるために，支持組織と呼ばれる細胞壁の厚くなった細胞の集まりがよく見られます．とくに茎の表皮のすぐ内側には，厚角細胞（細胞壁の一次壁が厚くなった細胞）が見られ，表皮の内側全体に沿って分布していることもあれば，維管束と表皮の間に見られることもあります．

維管束の構造と分布

　茎の中心柱では，根とは違って，**図1.23**に見られるように木部と篩部がセットになった維管束が見られます．被子植物の双子葉類では，維管束が放射状に配列します．放射状に配列した維管束では，外側に篩部，内側に木部ができます．木部と篩部の間には細胞分裂を盛んに行う部分があって，「形成層」と呼ばれています（木部の肥大成長については1.5.2項）．

　これに対して，単子葉植物では，維管束は全体にばらばらに分布しており，形成層が見られません．これは双子葉植物と単子葉植物の大きな違いの一つにもなっています．双子葉植物では内側にどんどん木部をつくって茎を肥大させて，樹木になることができますが，単子葉植物では双子葉植物のような材を形成することがないのはそのためです．

単子葉植物と双子葉植物の違い

　これまで見てきたように，単子葉植物と双子葉植物には，体のつくりや成長のしかたに大きな違いがあります．**図1.24**に，そのおもな違いをまとめてみました．箇条書きにすると，以下のようになります．

- 単子葉植物は種子中の胚（幼植物体）の子葉が1枚ですが，双子葉植物では2枚あります．
- 根は単子葉植物ではひげ根系で，茎の節から不定根を出します．双子葉植物は主根と側根からなる直根系の根をもちます．
- 葉脈は単子葉植物では平行脈ですが，双子葉植物では細かく枝分かれする網状の脈をもちます．
- 茎の維管束は，単子葉植物では全体に分布し，形成層がないのに対して，双子葉植物では維管束が放射状に配列して形成層があり，茎を肥大させることができます．

図 1.24　単子葉植物と双子葉植物の構造の違い

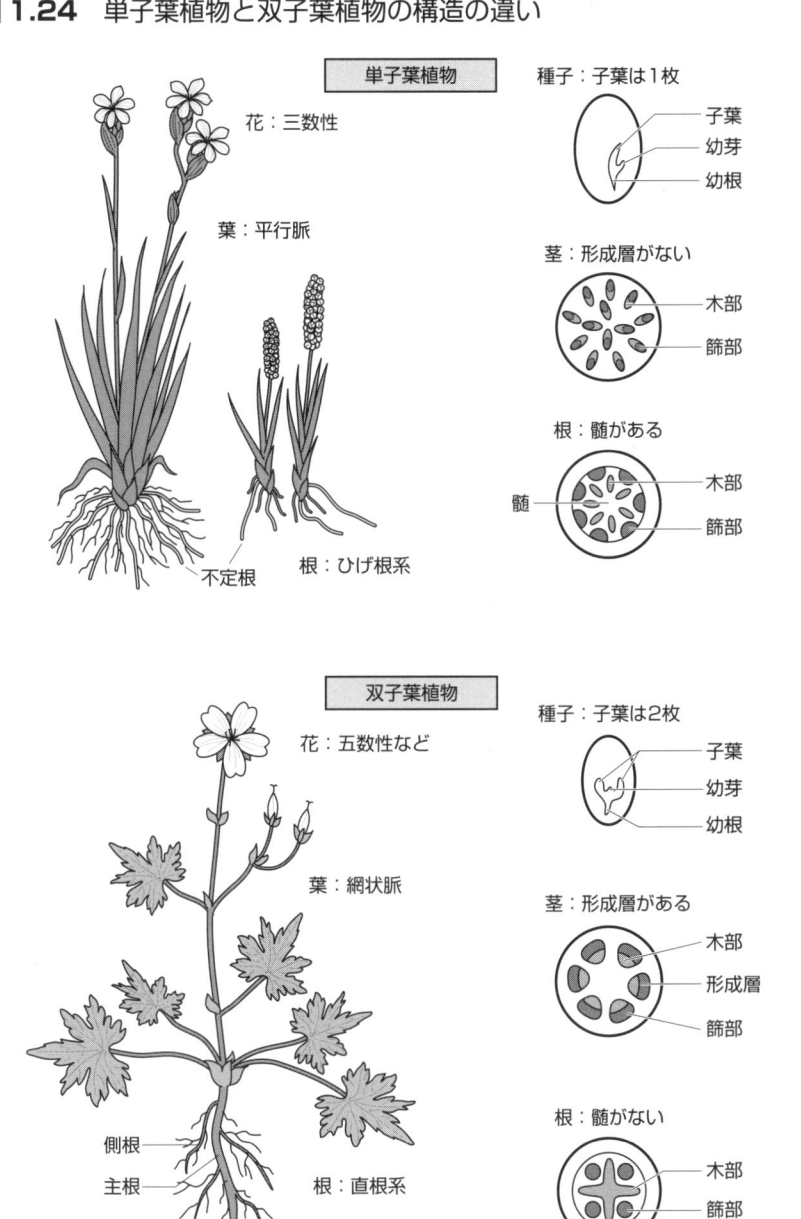

単子葉植物

- 花：三数性
- 葉：平行脈
- 不定根
- 根：ひげ根系

種子：子葉は1枚
- 子葉
- 幼芽
- 幼根

茎：形成層がない
- 木部
- 篩部

根：髄がある
- 髄
- 木部
- 篩部

双子葉植物

- 花：五数性など
- 葉：網状脈
- 側根
- 主根
- 根：直根系

種子：子葉は2枚
- 子葉
- 幼芽
- 幼根

茎：形成層がある
- 木部
- 形成層
- 篩部

根：髄がない
- 木部
- 篩部

- 根の維管束においても，単子葉植物では髄があることが多いのに対して，双子葉植物では髄がありません．
- 単子葉植物の花は，がくや花弁の数が3を基本としていますが，多くの双子葉植物では，5を基本としています．

1.5.2　樹木はどのようにして太るのか

木本と草本の違い

　森林の樹木は，芽ばえのときは草と同じように柔らかい茎をもっていますが，やがて茎は堅くなり，「木化」します．それにもかかわらず，この茎（いわゆる幹や枝）は成長にともなって，さらに太り続け，見上げるような大木になるものもあります．植物の中に，このような成長ができるものが現れたため，陸上には森林が形成されました．

　このような成長ができるのは高等植物の一部，詳しくいえば，マツやスギのような裸子植物と，被子植物のうちの双子葉植物の一部に限られます．そしてこのような植物を「木本」と呼んで，このような成長ができない「草本」の植物と区別しています．

　ブナ科やモクレン科のように一つの科がすべて木本からなる場合もありますが，バラ科（たとえばサクラとイチゴ）やマメ科（たとえばネムノキとエンドウ）のように木本と草本とが同居している科もあります．

高木と低木はどう違う？

　図鑑などで植物の説明を読むと，常緑性高木とか落葉性低木などと書かれています．常緑性や落葉性はわかりやすいと思いますが，高木と低木はただ高さの違いと思っていないでしょうか？

　植物学用語としての「高木」は，中心になる太い幹（主幹と呼ぶ）があり，上部で枝分かれしているものをいい，「低木」は，根もとから枝分かれしていて，中心となる太い幹がないものをいいます（**図1.25**）．「亜低木」という用語は，低木状であるが地上部の枝が草質で，毎年冬になると枯れてしまう性質のものをいい，ハギなどに見られます．

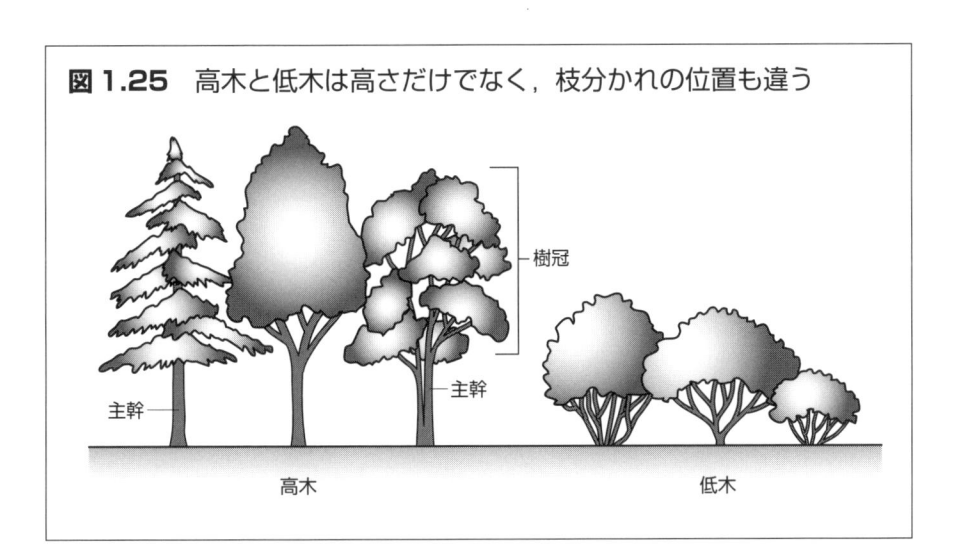

図 1.25 高木と低木は高さだけでなく，枝分かれの位置も違う

樹冠
主幹
主幹
高木
低木

木本植物は材を形成する

　動物では，体を構成している細胞を次々に入れ替えながら成長していくことができますが，植物の細胞は外側に堅い細胞壁をもっていて，いつまでも（死んだあとも）残ります．このため，新しい細胞を外側に付け加えていかないかぎり，その太さを増していくことはできません．木本植物の体は，いわばレンガを積み重ねていくように形成されていくのです．

　木本植物の形成層は，内側に絶えず木部をつくって，「材」という組織を形成していきます．この材は，堅く丈夫なリグニンと呼ばれる物質が細胞壁（二次壁）に沈着していくことによって形成されます．細胞が死んだあとも，細胞壁は何百年，何千年と残って，樹木の体を支え続けます．

木本性双子葉植物の茎の成長

　図1.26に，木本性双子葉植物の茎の構造が，成長につれてどのように変化していくのかを示しました．

　双子葉植物の茎は一般に，前に示したように木部と篩部がセットになった維管束が放射状に配列していて，木部と篩部の間には形成層と呼ばれる細胞分裂を行う細胞層があります．

　このような構造は植物の体がつくられるごく初期にでき上がっていますが，

図 1.26　木本性双子葉植物の茎──二次肥大成長

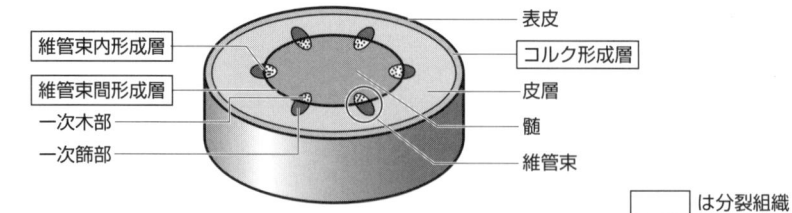

(a) 二次肥大成長をはじめたばかりの茎(横断面)

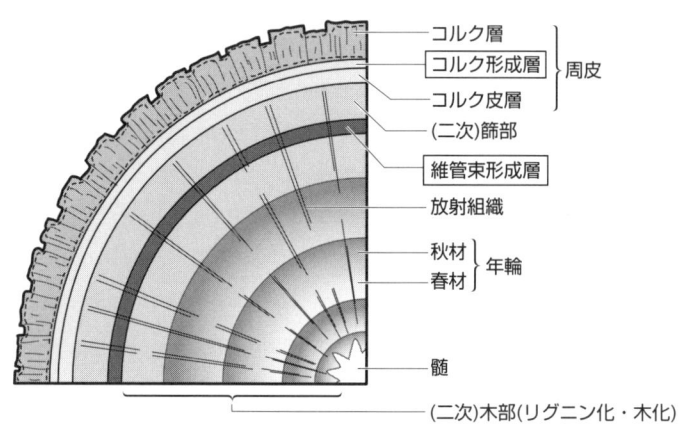

- 維管束内形成層
- 維管束間形成層
- 一次木部
- 一次篩部
- 表皮
- コルク形成層
- 皮層
- 髄
- 維管束

□ は分裂組織

(b) 成熟した茎の一部(横断面)
維管束形成層は内側に木部，外側に篩部を形成する

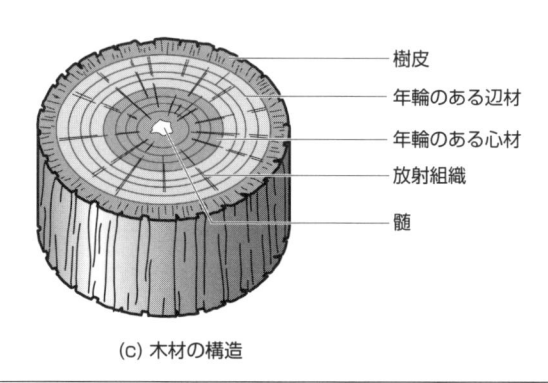

- コルク層 ┐
- コルク形成層 ├ 周皮
- コルク皮層 ┘
- (二次)篩部
- 維管束形成層
- 放射組織
- 秋材 ┐ 年輪
- 春材 ┘
- 髄
- (二次)木部(リグニン化・木化)

(c) 木材の構造

- 樹皮
- 年輪のある辺材
- 年輪のある心材
- 放射組織
- 髄

木本性の双子葉植物ではやがて形成層が活発に活動し，木部と篩部の間だけでなく維管束と維管束の間にも活発に細胞分裂を行う層を形成して，リング状の「維管束形成層」ができます．このリング状の形成層は，その内側に向かって，木部を長年にわたって形成し続け，その結果，樹木はその太さを増します（二次肥大成長）．形成層の細胞自身もその数を増やしていきます．

このようにして形成される木部と篩部は，あとから形成されるため，二次木部，二次篩部と呼んで，はじめに形成された（形成層がリング状になる前の）木部と篩部（これらは一次木部，一次篩部と呼びます）とは区別します．

形成層の一部の細胞は，放射組織（射出髄）と呼ばれます．放射組織は，ほかの細胞に比べると放射方向に長い柔細胞からなり，二次篩部にも二次木部にも見られ，外側と内側の細胞どうしの連絡に役立っていると考えられます．放射組織は，材の中に見られる放射方向のすじとして，見ることができます．

材の成長と構造の違い

四季のある温帯に生えている樹木は，1年の間に成長の盛んな時期（夏季）と休んでいる時期（冬季）があり，形成層の活動にも差ができます．その結果できる材にも違いが現れます．

春から初夏の間は形成層が活発に活動し，大きな細胞ができます（春材）が，夏から秋にかけてできた細胞は小さくなり（秋材），冬は活動を休止します．春材から秋材にかけてはだんだんに変化しますが，秋材から春材へは冬をはさんで急に変化するので，小さく切り出された材でも，年輪をよく見れば，材のどちら側が樹木の内側かを知ることができます（**図1.26b**）．

材には，中心の色のついた部分（心材）と，周辺の色の薄い部分（辺材）が区別できることがあります（**図1.26c**）．辺材では，放射組織の細胞や軸方向に長い柔細胞が生理機能を担っていますが，材の中心部（心材）ではこのような細胞が死んで水分や養分を運ぶ機能が失われています．心材は細胞が死んでいても樹木を支える働きはしていますが，やがて古木になると腐ってなくなり，うろになります．

コルク形成層と周皮

樹木の茎が太くなっていくと，もとの表皮細胞はその成長の速度に追いつくことができず，やがて死んでしまいます．しかし，茎の外側には茎を保護する

ためのより堅い構造が形成されるようになります．

　樹木の幹や枝の表面には，「コルク層」と呼ばれる堅い層があり，この層は表皮の内側の細胞層や表皮細胞そのものから分化した「コルク形成層」と呼ばれる細胞層の働きによってできます．コルク形成層は細胞分裂を行って，外側にコルク層をつくり，内側にコルク皮層をつくります．これらの組織をまとめて「周皮」と呼んでいます（**図1.26b**）．成熟した樹木では，体の外側を覆っているのは，表皮ではなく，このような周皮と呼ばれる組織です．

　コルク形成層は，維管束形成層とは違って，同じ層が永久的に活動するのではなく，外側の組織は絶えず死んではがれ落ちていき，内側にある二次篩部の中に新しいコルク形成層ができて新しいコルク層をつくります．

　私たちが樹皮と呼んでいるもの（シカなどの動物がむいて食べてしまう部分）は，はじめは一次篩部，皮層，表皮からなりますが，さらに時間が経つと周皮，二次篩部を含むようになります（**図1.26a, b**）．これらはしだいに縦に裂けたり，順にはがれ落ちたりして，その内側では絶えず新しい周皮がつくられ続けるようになるのです．

　コルク栓に使われるコルク組織は，コルクをとるために栽培されるコルクガシに限らず，どの樹木にもあり，弾力があって，内部の組織を保護しています．コルク組織の細胞の細胞壁にはスベリンと呼ばれる物質が多く含まれ，厚くなっていて，物質を通しにくい性質をもちます．

　ちなみに，イギリスのフック（Robert Hooke）が1665年にコルクを切片にして観察し，細胞を発見したことは有名ですが，コルク組織の細胞は死んでいますので，フックが観察したのはこの厚い細胞壁そのものでした．コルクはこのように細胞壁が厚くなっていて，観察がしやすかったと思われます．

皮目は空気の流通口

　周皮は堅くて厚いため，そのままだと外界との連絡が断たれてしまいます．そのため，ところどころに穴があき，植物体の中と外で空気の交換ができるようになっています．この穴を「皮目」と呼んでいます（**図1.27**）．

　皮目では，周皮の細胞の間にすき間がたくさんあって，このすき間を通じて植物体は外界から酸素を取り入れることができます．皮目は，サクラなど身近な樹木で簡単に観察することができます．

　樹皮の裂け方や，はがれ方，皮目のでき方などは，樹木を見分けるときのよ

い目印になる場合があります．

枝の見方──この枝は何年ものか？

　一年生（1年のうちに一生を終える）の草本や，毎年冬になると地上部が枯れてしまう多年生の草本では，その年のシュートはまるごと枯れてしまいますが，葉が落ちても茎が枯れずに何年も生き続ける樹木では，幹や枝の部分は残っているので，これをよく観察すると何年目の枝かを知ることができます．

　図1.27はクルミの枝です．頂芽の鱗片葉（芽鱗）は毎年春になると脱落し，その落ちた跡が「芽鱗痕」として残ります．そして中に包まれていた頂端分裂組織が，夏の間活動して，シュートとして伸長し，新しい枝ができます．秋になると葉は落ちて，あとには「葉痕」が残ります．そのシュートの頂芽は，また鱗片葉をたくさんつけて活動を休止し，休眠芽（この場合は冬芽）を形成します．春にこの芽が展開すると，鱗片葉が落ちてまた芽鱗痕が残ります．したがって，この枝が越してきた冬の数を，この芽鱗痕のある場所の数から知ることができます．

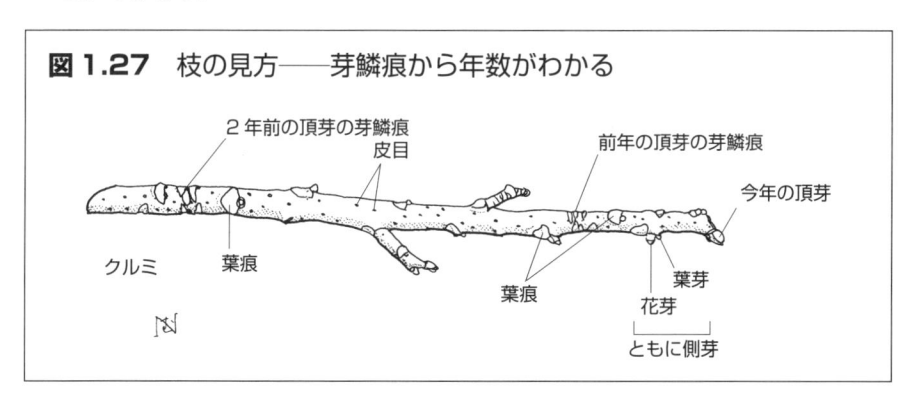

図1.27　枝の見方──芽鱗痕から年数がわかる

木本性双子葉植物の根の発達

　木本性双子葉植物の根でも，茎と同じように二次肥大成長が起こります（**図1.28**）．植物の体がはじめにできるときには，「前形成層」と呼ばれる形成層の働きで一次木部と一次篩部がつくられます．伸長成長をやめた根では，一次木部と一次篩部の間にある前形成層から，維管束形成層ができます．はじめは，木部と篩部の間にある前形成層の細胞が分裂をはじめますが，やがて一次木部

図 1.28 木本性双子葉植物の根の発達

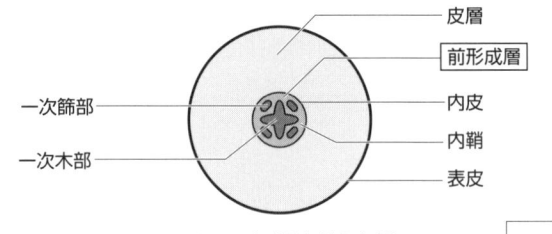

(a) 一次成長を終えた根

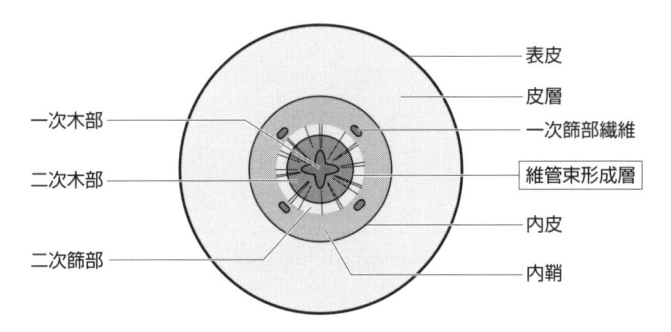

- 一次篩部
- 一次木部
- 皮層
- 前形成層
- 内皮
- 内鞘
- 表皮

□ は分裂組織

(b) 二次肥大成長をはじめた根

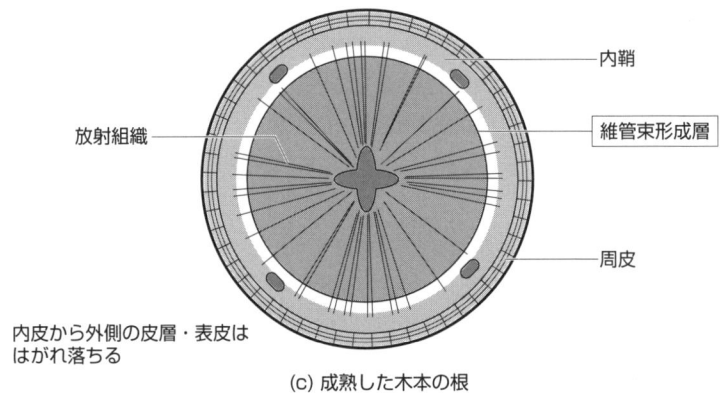

- 一次木部
- 二次木部
- 二次篩部
- 表皮
- 皮層
- 一次篩部繊維
- 維管束形成層
- 内皮
- 内鞘

(c) 成熟した木本の根

- 放射組織
- 内鞘
- 維管束形成層
- 周皮

内皮から外側の皮層・表皮ははがれ落ちる

の突起のすぐ外側の内鞘の部分の細胞も分裂をはじめ，分裂組織がリング状になって維管束形成層を形づくるようになります．この形成層の働きによって，内側に二次木部が，外側には二次師部がつくられるようになり，根は太くなっていきます．
　また，茎と同じように，根でもコルク形成層が内皮のすぐ内側（内鞘の外側部分）に形成されて，周皮ができます．このとき，はじめにあった木部（一次木部）は内側に残り，師部（一次師部）は外側に押しやられています．最初の周皮がつくられるときに，内皮から外側の，皮層や表皮の細胞は死んで，やがてはがれ落ちます．
　根でも，茎と同じように，二次師部と二次木部には放射組織がつくられます．周皮にもところどころに皮目があって，そこから土壌との間でガス交換を行います．
　このような二次成長は，単子葉植物では見られません．多くの草本性双子葉植物でも，このような二次成長はほとんど，あるいはまったく見られず，一次成長だけを行っています．

| ミニ植物図鑑 | 被子植物・マメ科 |

エンドウ
Pisum sativum

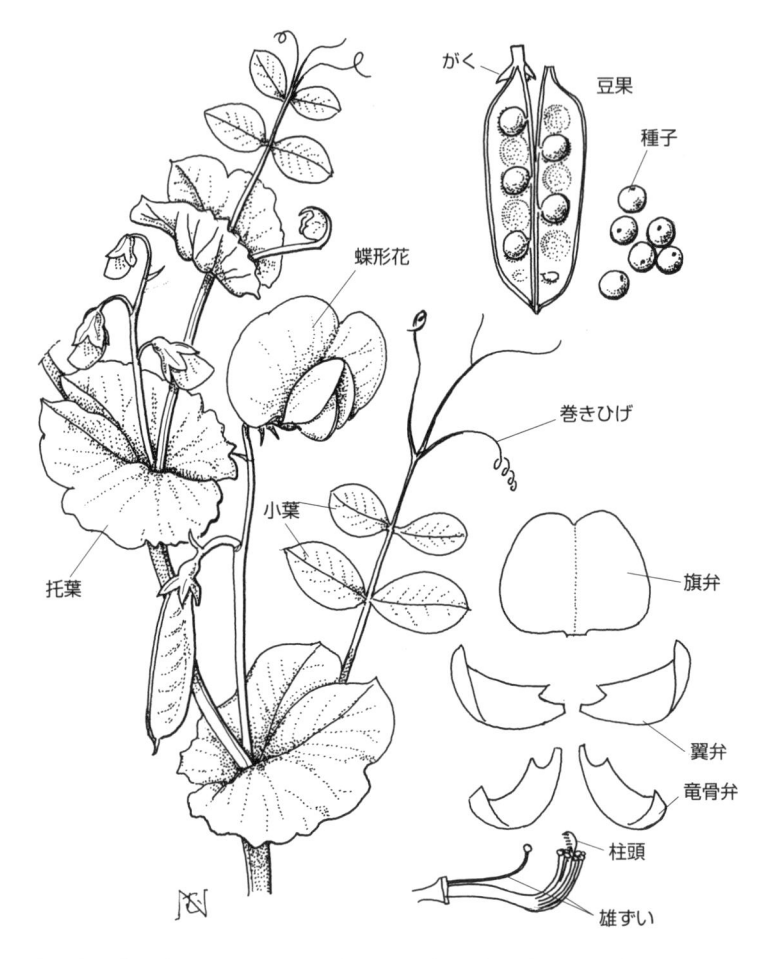

地中海沿岸原産．ヨーロッパの新石器時代の住居跡からも種子が発見されています．属名の *Pisum* は豆を意味するラテン語で，英語の pea も同じ語源です．葉は複葉で，葉の先は巻きひげになって，ほかの物に巻きついてよじのぼる性質があり，大きな托葉があります．花はマメ科特有の蝶形花で，果実は豆果です（マメ科については 4.4.7 項を参照）．

第2章
植物の生活

光合成のしくみと植物の反応

植物の生活の中心は，光合成です．植物は，太陽から光のエネルギーを吸収して光合成を行い，みずから栄養分をつくり出しています（**図2.1**）．有機物を合成するための二酸化炭素と水は，外界から得なければなりませんが，これらは空気や土壌から吸収することができます．窒素やリン，マグネシウムやカリウムなどの元素も，根から水といっしょに吸収しています．

　これに対して動物は，植物のように無機物だけから有機物を合成することはできないので，常に植物やほかの動物を食べ，消化・吸収することによって，生活に必要な物質とエネルギーを得ています．生態系全体では，植物は「生産者」，動物は「消費者」と位置づけられ，物質はこれらの間を循環しています．

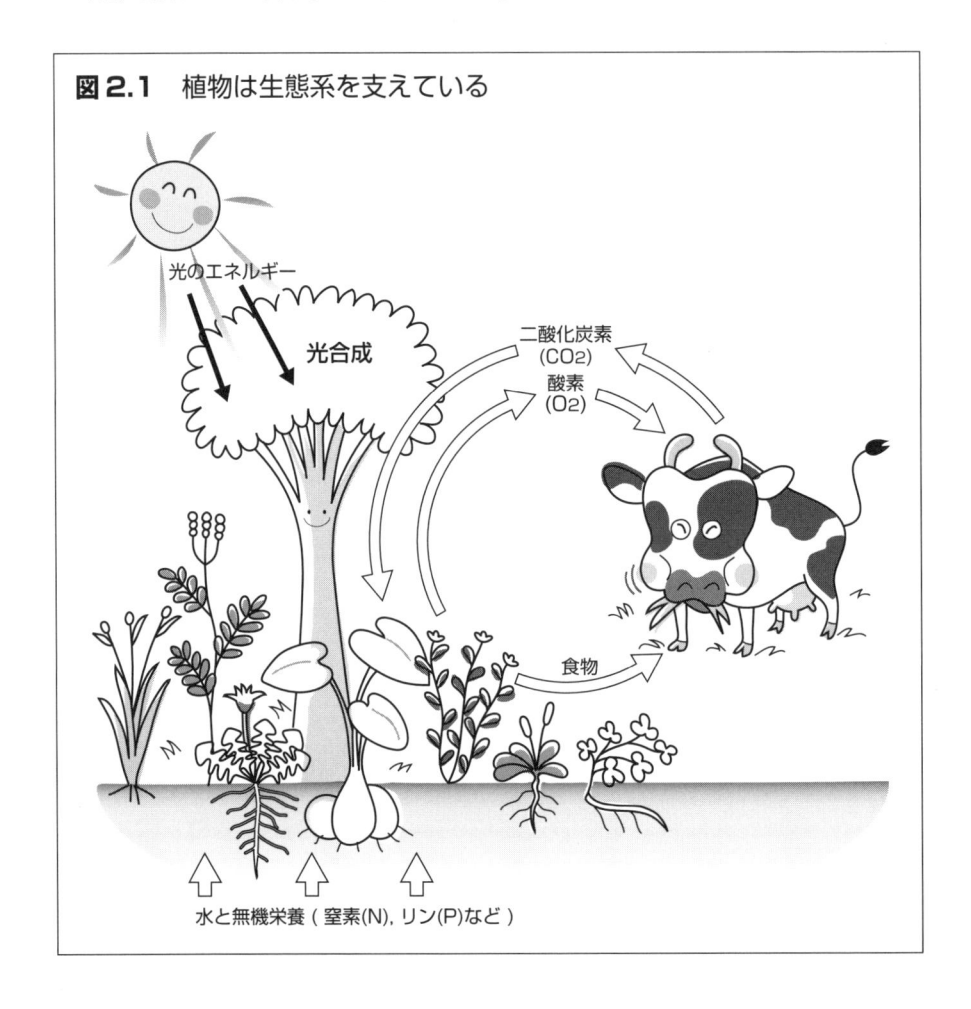

図2.1　植物は生態系を支えている

光のエネルギー
光合成
二酸化炭素（CO_2）
酸素（O_2）
食物
水と無機栄養（窒素(N)，リン(P)など）

また，植物が光合成を行うときに放出される酸素は，動物の呼吸にとってなくてはならないものです．

2.1 植物の光合成

植物は，外界から光や水を吸収したり，外気との間で二酸化炭素や酸素のやりとりをしたりするためのしくみをもっており，植物体の全体もそれに都合のよい構造になっています．また，それぞれの植物はすんでいる環境にあわせて，

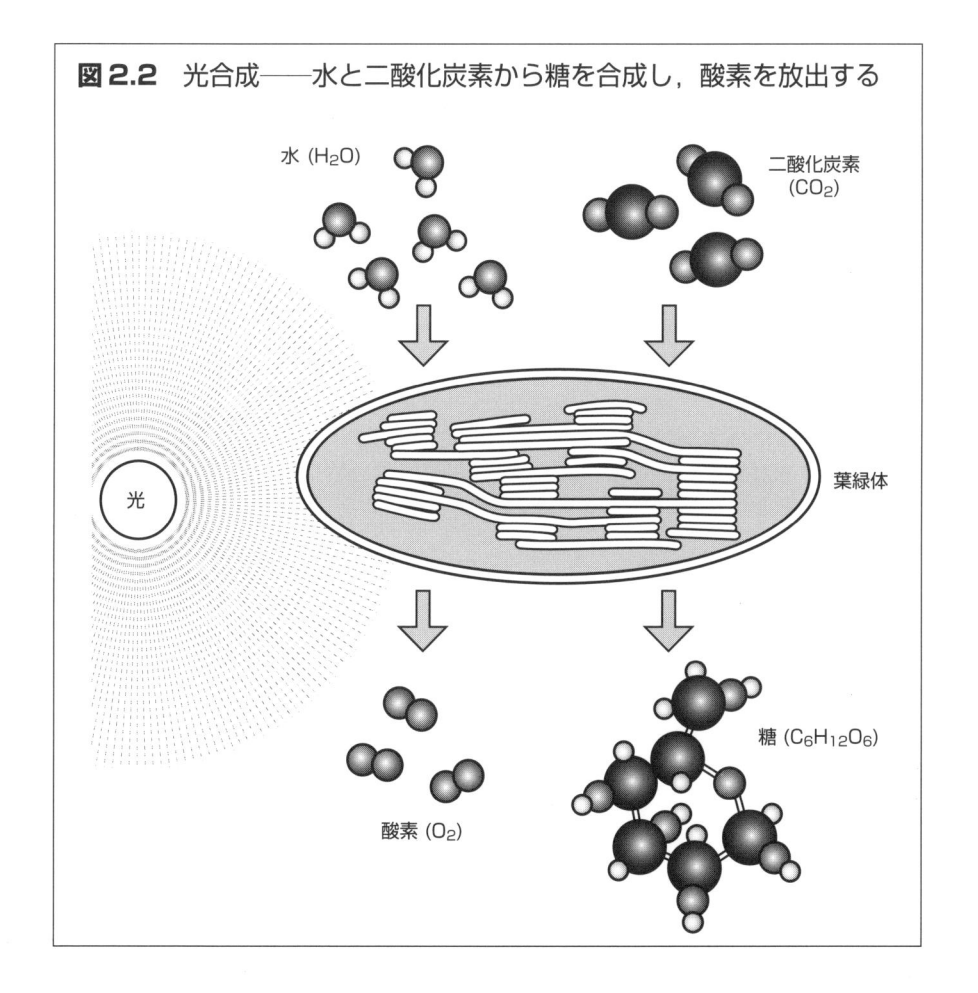

図2.2 光合成——水と二酸化炭素から糖を合成し，酸素を放出する

水 (H_2O)
二酸化炭素 (CO_2)
光
葉緑体
酸素 (O_2)
糖 ($C_6H_{12}O_6$)

光や水を獲得するために，いろいろなくふうをしています．

2.1.1　光，水，空気を獲得するしくみ

　光のエネルギーを吸収し，二酸化炭素と水から，有機物である糖を合成する働きを「光合成」と呼びます．光合成は，植物の体内で行われる，たくさんの化学反応からなる複雑な働きであり，最終的には糖が合成されて，酸素が放出されます（**図2.2**）．

光エネルギーを獲得する葉緑体

　光合成を行っているおもな器官は葉ですが，サボテンのように茎で行っている場合もあり，特殊な植物では根で行っている場合もあります．植物の葉は，光を受けやすいように，平らな構造をしています．葉をはじめ，植物体で光合成を行っている部分は，緑色をしています．これはクロロフィル（葉緑素）と呼ばれる色素が含まれているからです．光のエネルギーはクロロフィルによって吸収されて，植物に利用されます．光合成色素には，クロロフィルのほかに，カロチン（オレンジ色の色素で，ニンジンに多く含まれる），キサントフィル（黄色または無色）があり，光の吸収を助けています．

　植物の葉の細胞内には，「葉緑体」と呼ばれる構造体（細胞小器官の一つ）があり（**図2.3**），この構造体で光合成の反応が行われています．葉緑体は，外側に二重の膜構造をもちます．さらに，葉緑体の内部には，「チラコイド」と呼ばれる，よく発達した膜構造があり，クロロフィルなどの光合成色素はこの膜に含まれています．とくにこのチラコイドが円盤状になってたくさん重なっている部分を「グラナ」と呼んでいます．グラナ以外の葉緑体内部（基質）を「ストロマ」と呼びます．グラナとグラナの間をつないでいるチラコイドを「ストロマチラコイド」と呼んでいます．

空気の通り道――気孔と空気間隙

　光合成に必要な二酸化炭素は，おもに葉の裏面にある「気孔」と呼ばれる穴から入ったのち，細胞間隙（空気間隙）を通って，葉の組織内に吸収されます．葉の横断面を見ると，細胞の間には，二酸化炭素の通り道となる空気間隙がよく発達しています（**図1.20**参照）．光合成で放出される酸素も，空気間隙を通って，気孔から放出されます．

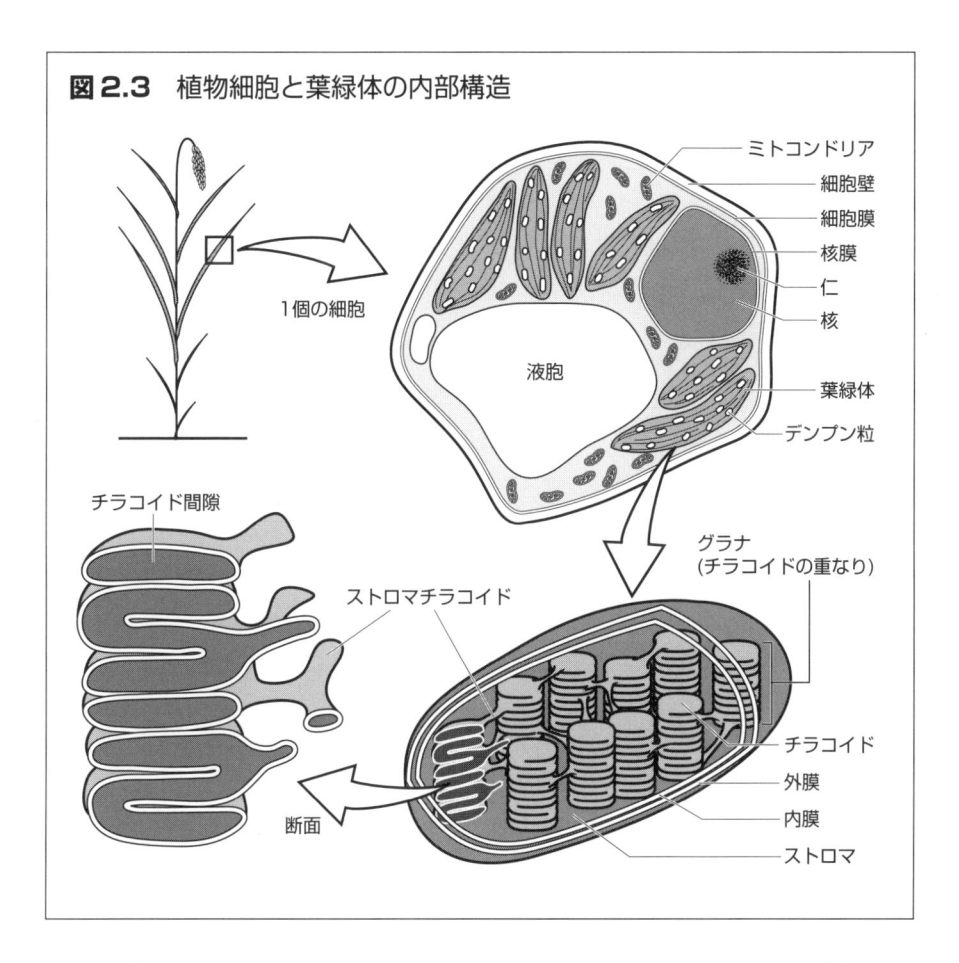

図2.3　植物細胞と葉緑体の内部構造

気孔は環境の変化に応じて開いたり閉じたりすることができます（**図2.4**）．気孔が開いていると葉から水分が蒸発し，これを「蒸散」と呼んでいます．蒸散によって体内から水分が失われるのを防ぎたいときは，気孔を閉じて，乾燥から身を守ります．ただし，蒸散は気孔だけから起こるわけではなく，表皮のクチクラからの蒸散もあります．

気孔を形づくる細胞は，「孔辺細胞」と呼ばれる1対の細胞で，どちらの細胞も，気孔をつくっている側の細胞壁が厚くなっています（**図2.4**）．植物の体内に水分が多く，孔辺細胞に水が入ってふくらんでいるときは，孔辺細胞の薄い外側の細胞壁が伸びてたわみが大きくなり，細胞の間にすき間ができて，気孔は開いて蒸散を活発化させていますが，孔辺細胞から水が出て行って細胞がし

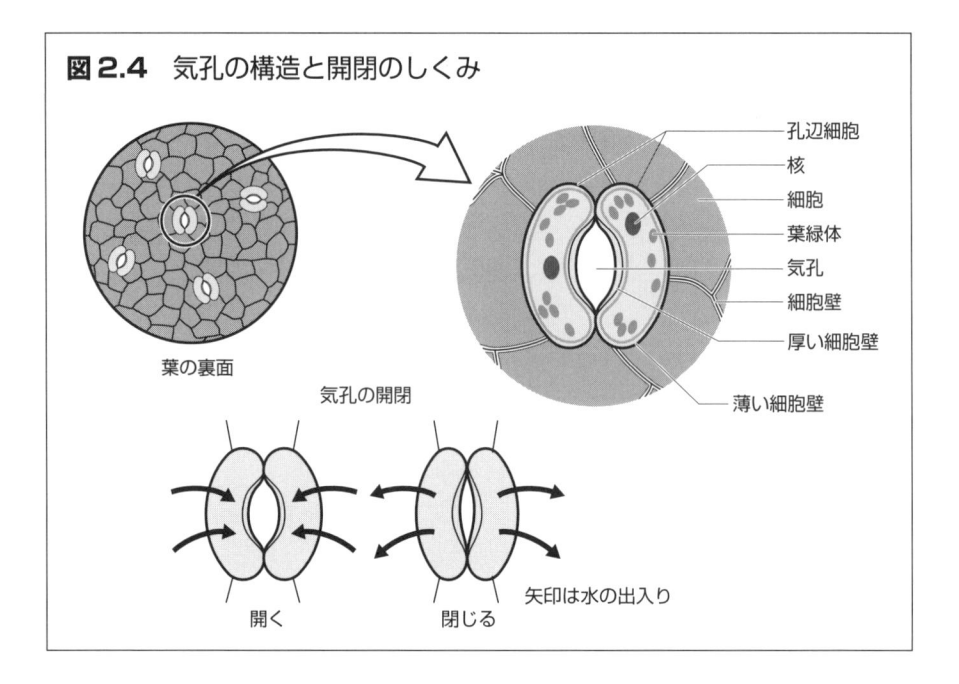

図2.4 気孔の構造と開閉のしくみ

葉の裏面

孔辺細胞
核
細胞
葉緑体
気孔
細胞壁
厚い細胞壁
薄い細胞壁

気孔の開閉

開く　　閉じる

矢印は水の出入り

なびると、厚くなった細胞壁の部分があわさって、気孔が閉じます。このようにして、植物の体内の水分を一定に保つよう気孔の開閉が調節されています。

根から葉までの水の移動

根で吸収された水は、どのようにして葉まで移動するのでしょう。葉には、葉脈があって、そこには維管束と呼ばれる組織があります。維管束を構成している木部と篩部は、それぞれ水分と養分（葉でつくられた糖など）の通り道になっています。維管束は根・茎・葉を通じてつながっていて、水分は、根から葉まで道管を通じて移動します。そのしくみを見てみましょう。

細胞膜と浸透圧，細胞壁と膨圧

植物細胞は、動物細胞にはない構造をいくつかもっています（**図2.3**）。細胞壁もその一つです。細胞壁はおもにセルロースという物質でできていて、弾力はありますが比較的堅く、水分を多く吸収する性質があります。細胞壁の内側には細胞膜があり、水の分子は細胞膜を通って細胞の内外を出入りしています。細胞内の細胞質は水を多く含み、その中にはいろいろな物質が溶けています。

一般に，水溶液の場合，水を溶媒と呼び，その中に溶けている物質を溶質と呼びます．大きな溶質分子は細胞膜を通り抜けることができず，溶媒分子（水）だけが細胞膜を通り抜けられます．細胞の外のほうが溶質の濃度が薄い場合，その濃度差を解消しようとして，水分子は細胞膜の外から中に入り込み（拡散），細胞内の溶質を薄めようとします（図2.5）．そのために水が外から浸透しようとする圧力が生じることとなり，これを「浸透圧」と呼んでいます．浸透圧が生じると，水分子は細胞内に入り，細胞質の溶質の濃度はしだいに薄くなり，細胞はふくらみます．

　しかし，細胞膜の外には細胞壁があって，細胞壁は堅い構造なので，ある程度までふくらむと細胞はそれ以上ふくらむことができなくなり，無限に水を吸って破裂するようなことは起こりません．

　細胞がふくらむと，細胞質が細胞壁を内側から押す力が生じます．この力を「膨圧」と呼んでいます．細胞が十分に水を含んでいる場合には，膨圧が大きくなっているので，細胞壁は緊張して，植物はぴんとしています．細胞から水が失われると，膨圧が小さくなって，植物はしおれます．前に述べた気孔の開閉も，このような細胞の膨圧の変化によって調節されています．

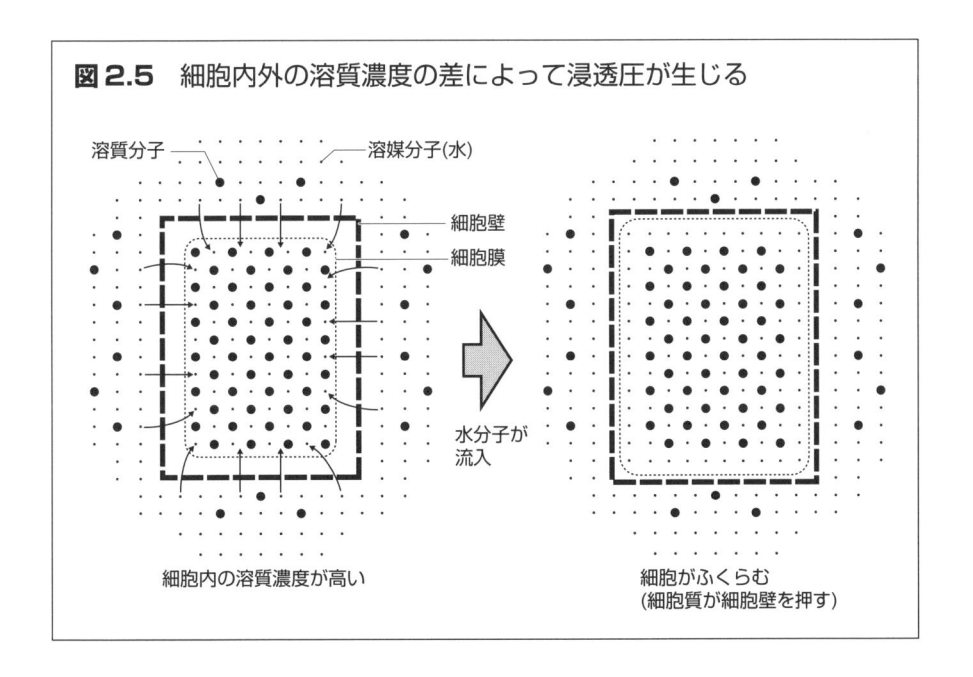

図2.5　細胞内外の溶質濃度の差によって浸透圧が生じる

根で吸収される水

　第1章で説明したように，根には根毛と呼ばれる構造があります．根毛は，根の表皮細胞の一部分が長く突出したものです．水は先に述べた浸透圧によって，この根毛を通じて，あるいは直接，根の表皮細胞に吸収されます（**図2.6**）．そして，細胞内の水は，今度は先に述べた膨圧によって，さらに内部の組織へと押し出されます．

　細胞壁を構成しているセルロースは，自分自身の何倍もの水を吸収する性質があり，水は細胞壁を通ってすぐに組織の中へ移動していきます．表皮のすぐ内側には皮層があり，水は皮層の細胞へと吸収されます．皮層内でも，こうした水の吸収と押し出しが繰り返されて，水はしだいに根の中心に達します（**図2.7**）．根の中心には維管束があり，その外側に内皮と呼ばれる構造があります．内皮も浸透圧の力を利用して，内部に水を引き込みます．

　このように，根では表皮と内皮が，細胞の浸透圧を使って水を吸収しています．そのため，外部の水が塩分を多く含んでいると浸透圧が逆転し，このよう

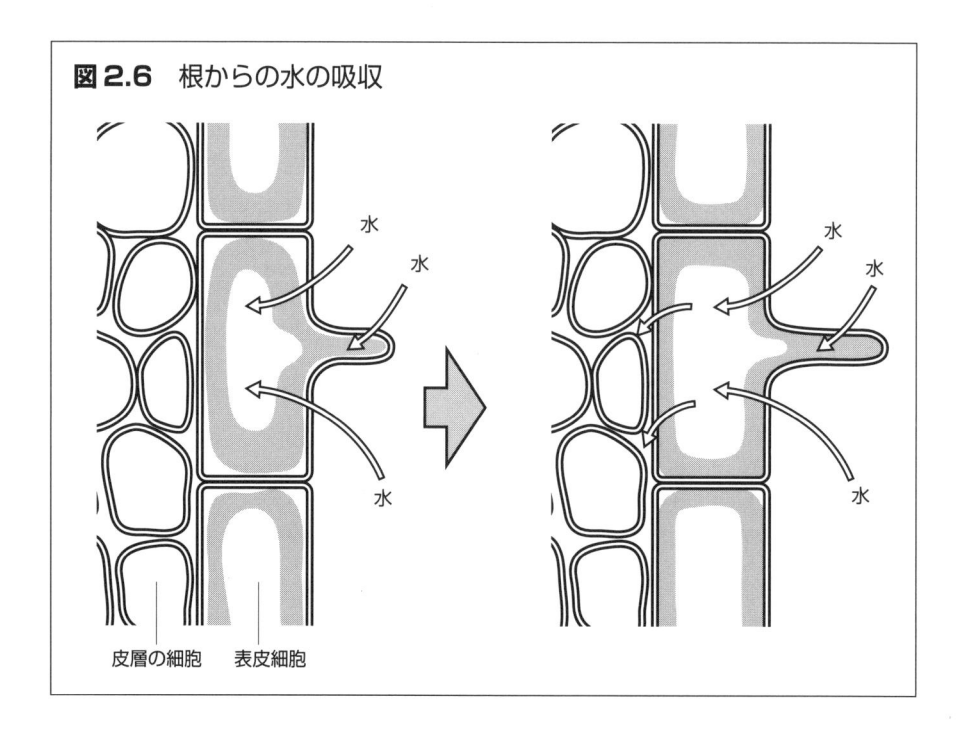

図2.6　根からの水の吸収

図2.7 根の中の水の通り道

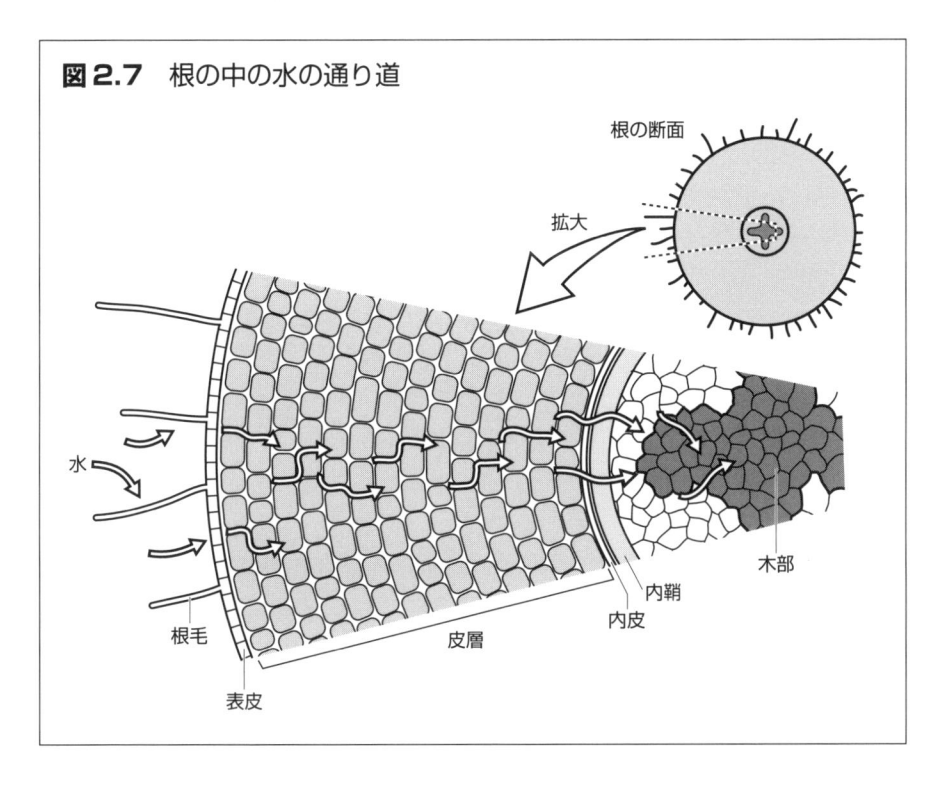

な水の吸収はできなくなり，細胞からはむしろ水分が失われて，植物はしおれ，細胞はやがて死んでしまいます．そのため，多くの植物は，塩分の多い土壌に生えることができません．海岸や干潟に生える植物は，塩分を蓄積し，内部の浸透圧を高くする特別なしくみをもっています．

　根が水を引き込む力はかなり大きく，草の露，つまり夜の間に葉のふちにつくしずくは，この力によって押し上げられた水が，葉から排水されたものです．

茎の中での水の移動

　根の中心には，木部と呼ばれる組織があります（**図2.7**は双子葉植物の場合を示しています）．木部には「道管」と呼ばれる管状の構造があります．道管を形づくっている細胞（道管要素）は，細胞自身は死んで，細胞質がなくなり，細胞どうしを上下に隔てている細胞壁がなくなって，全体が細長い管のようになって，茎の維管束内の道管につながっています．そして水はその中を毛管現象によって上へと自然に上がっていきます．

図2.8 水は木部を通って茎の中を移動していく

　　　　　　　　　　　　　　　　　蒸散

　水の通り道　　　　　木部

　根毛

　このように，光合成に必要な水は，浸透圧と毛管現象によって，根から吸収され，茎の内部を移動していきます（**図2.8**）．しかし，それだけでは，数十mから100 m近くにもなる高木のてっぺんまで，水を引っぱり上げることはできません．

蒸散によって水を引っぱり上げる力

　葉でも，水を引っぱり上げる力が働いています．葉の細胞では，光合成を行って糖が合成されているので，浸透圧が高くなっています．この力によって，木部を上がってきた水は，葉脈を通って，葉肉細胞に吸収されます．そして葉の細胞は水を吸ってふくらみ，膨圧によって押し出された水が，太陽の熱によって蒸発して，細胞間隙を通じて，開いている気孔から外へ出て行きます．こ

れが蒸散のしくみです．

　植物が水を全体に行きわたらせるためには蒸散の力が重要ですが，植物が吸収した水のほとんどは，やがて蒸散によって失われてしまいます．しかし，葉脈を通ってきた水がすぐにまた葉肉細胞に吸収されるので，水はたえず新しい水に置き換わっていきます．水は，植物の体内で，水分子が互いに強く引きあう力によって，**図2.8**のように，根から葉まで木部を通じてとぎれることなくつながっています．

　植物を植えかえたときなどは，根が損傷を受けるので，水の吸収が少なくなります．このようなときには，植物体内の水のバランスがくずれてしまうので，葉からの蒸散による損失を補うため，いつもより多くの水をあげる必要があります．

　たとえば，高さ15 mくらいのカエデの木の1時間の蒸散量は，220リットルにもなると見積もられています．夏の暑い日に木陰が涼しいのは，このような植物の蒸散によって，水分といっしょに熱が奪われるためです．蒸散で失われる水分は一見むだのようですが，光合成には二酸化炭素が必要なので，植物はずっと気孔を閉じておくわけにはいきません．また，蒸散によって，太陽の熱による葉の温度の上昇も防いでいます．

乾燥から身を守るしくみ

　場合によっては，日中でも気孔を閉じて蒸散を防がないと，植物は乾燥から身を守ることができません．強い日ざしや強い風は，気孔から容赦なく水分を奪い取ります．乾燥が続くと，葉の細胞は膨圧を失ってしおれてしまいます．強い風などで葉に震動が与えられたときには，気孔は閉じることが知られています．

　植物は，葉の表面に毛を発達させたり，気孔のある場所をくぼませたりして，過度な蒸散を防ぐくふうをしていることもあります．葉を折りたたんで閉じる植物もあります．砂漠に生える植物は，昼間は気孔を閉じ，夜だけ気孔を開いて二酸化炭素を取り込むしくみをもちます（後述のCAM植物）．極端に乾燥する時期は，葉を完全に落としてしまって，活動を休止する植物もあります．

2.1.2　光合成のメカニズム

　光合成の反応は，たくさんの化学反応からなる複雑な過程ですが，大きく分

けると2つの過程からなっています．

光化学反応——ATPと還元力の獲得

　第1の過程は，葉緑体のチラコイドと呼ばれる膜に含まれる，クロロフィルなどの色素によって光が吸収されて起こる過程で，「光化学反応」と呼ばれます（かつては明反応と呼ばれていました）．この過程が起こるためには，膜構造があることがたいへん重要で，そのため葉緑体の内部には，複雑な膜構造が発達しています（**図2.3**）．

　この過程では，水の分解が起こり，水分子に含まれていた水素は，電子を放出して水素イオン（H^+）となり，NADPと呼ばれる物質と結合し（NADPH），還元力としてその後の反応に使われます．酸素はその後の反応には必要なく，その場で放出されます．また，その後の反応に必要な「ATP」も，この過程で生産されます．ATPはアデノシン三リン酸と呼ばれる物質で，高エネルギーリン酸結合と呼ばれる結合をもっています．この結合をほかの物質に渡すことを通じて，生物の細胞の中で起こるいろいろな反応にエネルギーを供給する重要な物質です．

カルビン回路——ブドウ糖をつくる

　第2の過程は，二酸化炭素を吸収してブドウ糖（グルコース）を合成する過程で，たくさんの化学反応の連鎖からなっています．この過程は光化学反応でつくられたATPのエネルギーとNADPHによる還元力によって行われており，光は必要ありません（そのため，かつては暗反応と呼ばれていました）．

　二酸化炭素は，まず受容体と結合し，そのあといくつもの中間体を経て，糖が合成されます．糖が合成されたあと，再び二酸化炭素の受容体ができるので，この反応経路全体は回路（サイクル）になっています．はじめに受容体として働き，回路の最後に再び形成される物質は，リブロースビスリン酸（RuBP）と呼ばれる，炭素原子5つからなる糖に2つのリン酸結合をもつ物質です．この回路は，発見者でこの研究によって1961年にノーベル賞を受賞したカルビン（Melvin Calvin）の名前にちなみ，「カルビン回路（またはカルビン・ベンソン回路）」と呼ばれています（**図2.9**）．

　カルビン回路の反応は，葉緑体のストロマ（膜のまわりにある基質部分）において，酵素の働きによって行われています．

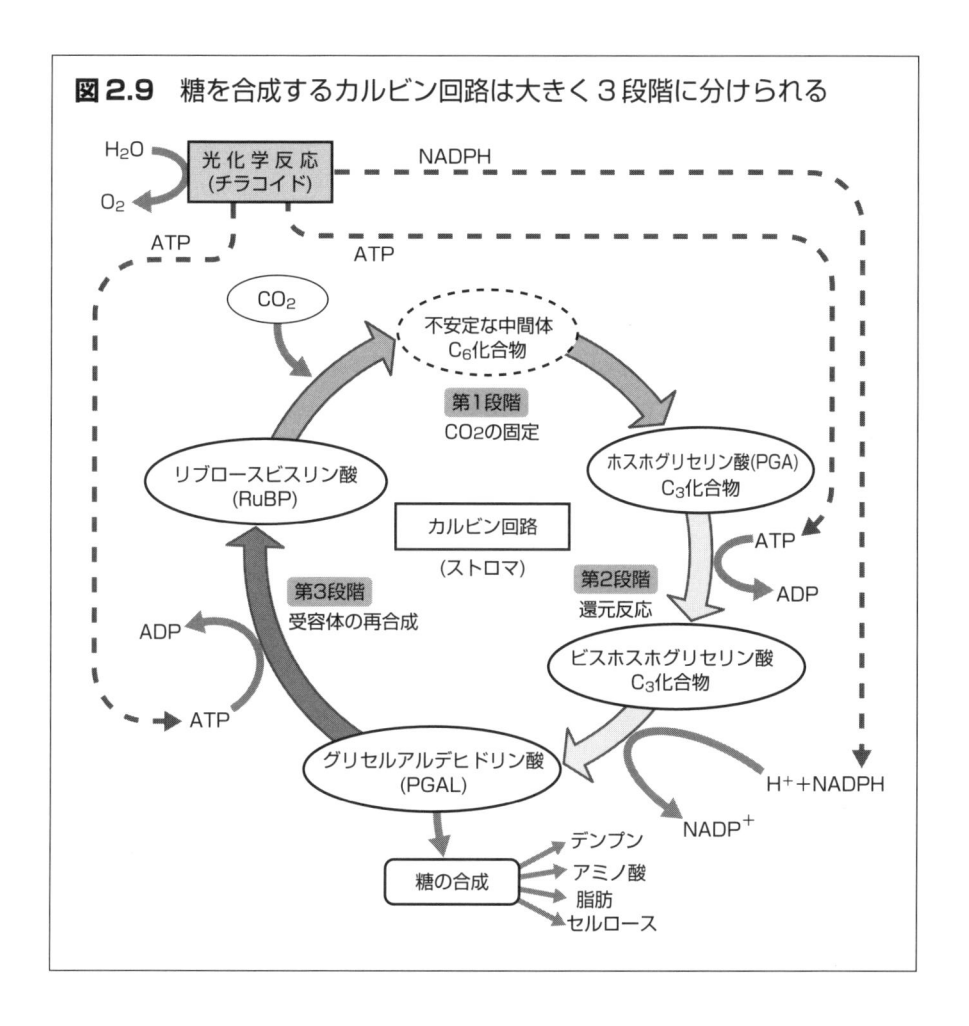

図2.9 糖を合成するカルビン回路は大きく3段階に分けられる

カルビン回路の第1段階——二酸化炭素の固定

　カルビン回路は，大きく分けると3つの段階からなっています．第1段階では，二酸化炭素が回路に入ります．二酸化炭素は，ルビスコ（RuBPカルボキシラーゼ/オキシゲナーゼ）と呼ばれる酵素の働きによって受容体（RuBP）と結合し，炭素原子を6つもつ中間体ができます（この酵素は，地球上で最も豊富な酵素ともいわれ，葉の可溶性タンパク質の40％をも占めるといわれています）．この過程で二酸化炭素は，RuBPに「固定」されますが，この中間体は非常に不安定で，すぐに2分子のホスホグリセリン酸（PGA）に変わります（**図2.9**）．PGA

はカルビン回路で最初に検出される物質で，炭素原子を3つもつ物質（C_3化合物．Cは炭素の元素記号）です．そのため，カルビン回路はC_3回路とも呼ばれます．

カルビン回路の第2段階──還元反応

第2段階は，PGAがグリセルアルデヒドリン酸（PGAL，ホスホグリセルアルデヒド）にまで還元される過程です．この過程は2つの反応からなっていて，それぞれの反応にはストロマにある別の酵素が働きます．はじめにATPのリン酸がPGAに渡され，次にNADPHの還元力によってPGALができます．3分子の二酸化炭素が3分子のRuBPに固定されると，その結果できるPGALは6分子です．

カルビン回路の第3段階──受容体の再合成

第3段階は，この6分子のPGALのうち5分子から3分子のRuBPが再合成される過程で，サイクルははじめにもどります．残りの1分子のPGALは細胞質へ出て行きます．PGALは呼吸の中間産物と同じもので，呼吸とちょうど逆の反応が起こって，ブドウ糖が合成されます．植物は，基本的にはこのブドウ糖をもとに，植物の体をつくっているさまざまな成分（アミノ酸，脂肪，セルロース，デンプンなど）を合成することができ，完全な独立栄養（栄養をほかの生物に依存しない）生活を営んでいます．

ブドウ糖はショ糖とデンプンに変えられる

いままで述べてきたように，光合成によってブドウ糖ができますが，植物の体内にはブドウ糖はほとんど見られません．実際には，ほとんどのブドウ糖が，ショ糖（スクロース）に変えられて植物体内を輸送されるか，ブドウ糖がたくさんつながったデンプンに変えられて貯蔵されます．細胞質に出て行ったPGALの多くはショ糖に変えられますが，葉緑体内に残ったPGALは，昼間は一時的にデンプンに変えて蓄えられるので，ストロマにはデンプン粒が見られます．

夜になると，このデンプンはショ糖に変えられて，維管束の篩部にある篩管を通じて植物体内のほかの部分に運ばれます．ショ糖は，糖の中では代謝にあまり関係しておらず，分子が比較的小さいので，輸送に適しているといわれています．

ミニ植物図鑑　被子植物・イネ科

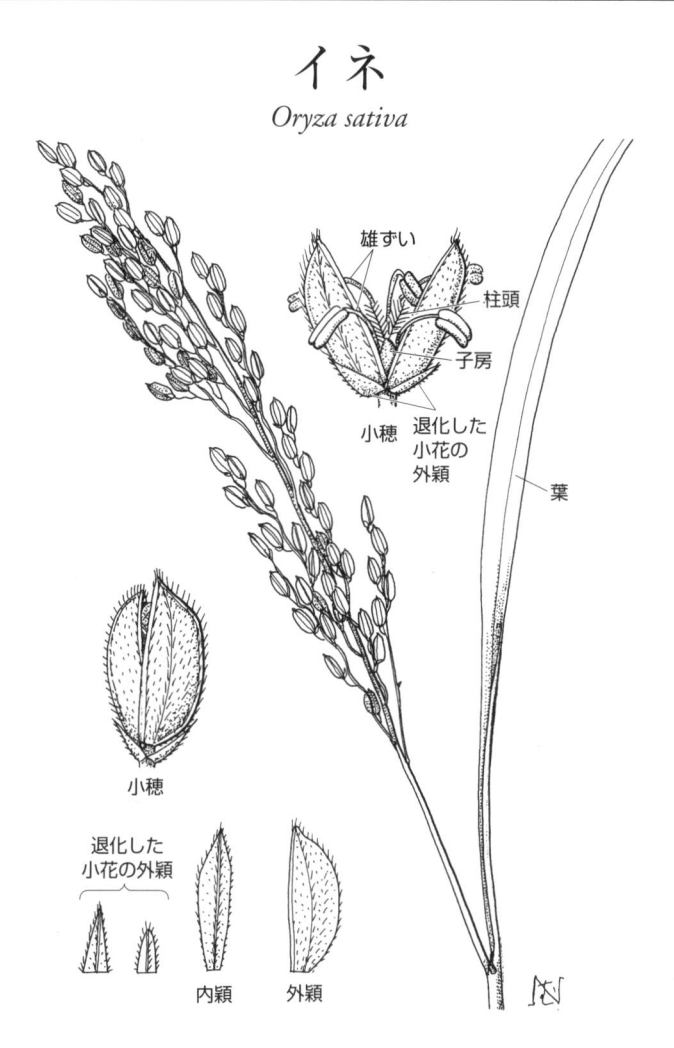

イネ
Oryza sativa

日本では，刈り取られたイネの株は冬に枯れますが，本来は多年草です．イネの小穂では3個の小花のうち2個が退化し，残る1個が一粒の米になります．もみがらとなるのは2枚の穎（外穎と内穎）で，その基部に退化した小花の外穎が残っています．小穂の包穎は退化して痕跡だけになっています（イネ科の花については4.4.12項を参照）．穎を取り除いたものが果実（玄米にあたる）で，これをついて果皮と胚（胚芽にあたる）を取り除いたものが白米になります．

2.1.3 光合成のいろいろなくふう

呼吸ではない光呼吸——ルビスコの弱点

　カルビン回路の最初の反応で働くルビスコが，二酸化炭素のかわりに酸素と結合すると，「光呼吸」という反応が起こります．

　光呼吸は葉緑体だけでなく，ペルオキシソーム，ミトコンドリアの3つの細胞小器官が関係している，複雑で長い過程です．

　簡単にいうと，まず，ルビスコは酸素が蓄積されてくると二酸化炭素のかわりに酸素と結合し，RuBPからPGAとホスホグリコール酸を1分子ずつ生じさせます．ホスホグリコール酸は，ペルオキシソームで，さらに酸化反応を介してグリシンというアミノ酸に変化し，ミトコンドリアでセリンと呼ばれるアミノ酸に変化するとともに二酸化炭素（とアンモニア）を放出します．

　セリンは再びペルオキシソームでの反応を介して最終的にはグリセリン酸となって葉緑体にもどり，カルビン回路に取り込まれます．このようにホスホグリコール酸がまったくむだになることはありませんが，その過程でせっかくいちど固定した二酸化炭素の一部が消費されることになります．

　この反応は全体を通じて見ると，酸素が消費されて二酸化炭素が放出されるので，光「呼吸」と呼ばれます（これに対して，ミトコンドリアで行われる，動物と同じふつうの呼吸は，暗呼吸と呼ばれることがあります）．この反応を触媒することから，ルビスコはオキシゲナーゼという名前ももっています．光呼吸では，エネルギーは消費されるだけで，ATPも還元力も生産されません．

　ルビスコの活性部位がこのように二酸化炭素と酸素を区別できないのは，どう考えても合理的ではありません．生物の体には，ときどき過去の遺物のようなしくみが残されていることがあります．ルビスコの進化も，おそらく現在のように大気中に酸素が蓄積される前に起こったからではないかと思われます．

ルビスコの弱点を補うC_4植物

　植物の中には，ルビスコの弱点を補うため，効率よく二酸化炭素を固定するための過程として，カルビン回路とは別のC_4回路（ハッチ・スラック回路ともいう．ハッチとスラックはこの過程を研究した2人のオーストラリア人）をもつものがあります．それが「C_4植物」です．カルビン回路では，3つの炭素を

もつPGA（C_3化合物）が最初に検出されますが，C_4植物では，オキサロ酢酸という炭素数4つの物質（C_4化合物）が最初にできることから，この過程をC_4回路と呼んでいます．オキサロ酢酸という物質名に聞き覚えのある人もいるでしょう．この物質は，呼吸の過程の一部，クレブス回路（TCA回路またはクエン酸回路ともいう）の中間産物でもあります．

C_4植物は，C_4回路だけをもつわけではなく，あとで述べるように最終的にはカルビン回路を使って光合成を行っています．これに対して，「C_3植物」はカルビン回路だけを使っています．

C_4植物では，カルビン回路のプロセスが働く前に，葉肉細胞の細胞質で，ホスホエノールピルビン酸（PEP）と呼ばれる物質が受容体となって二酸化炭素を固定し，オキサロ酢酸ができます．この反応は，PEPカルボキシラーゼと呼ばれる酵素の働きによって行われ，この酵素はルビスコに比べてずっと効率よく二酸化炭素を固定することができます．

オキサロ酢酸はそのあと同じ葉肉細胞の葉緑体内に取り込まれて，リンゴ酸やアミノ酸の一種のアスパラギン酸に変わります．

葉の維管束，つまり葉脈のまわりには，維管束鞘と呼ばれる構造があります．C_4植物の特徴は，この維管束鞘のまわりに，葉肉細胞が規則正しく配列していることです（図2.10）．この構造は，クランツ構造と呼ばれています．クランツとは，ドイツ語で花輪（リース）という意味で，その形にちなんでいます．C_3植物にはこのような構造はありません．

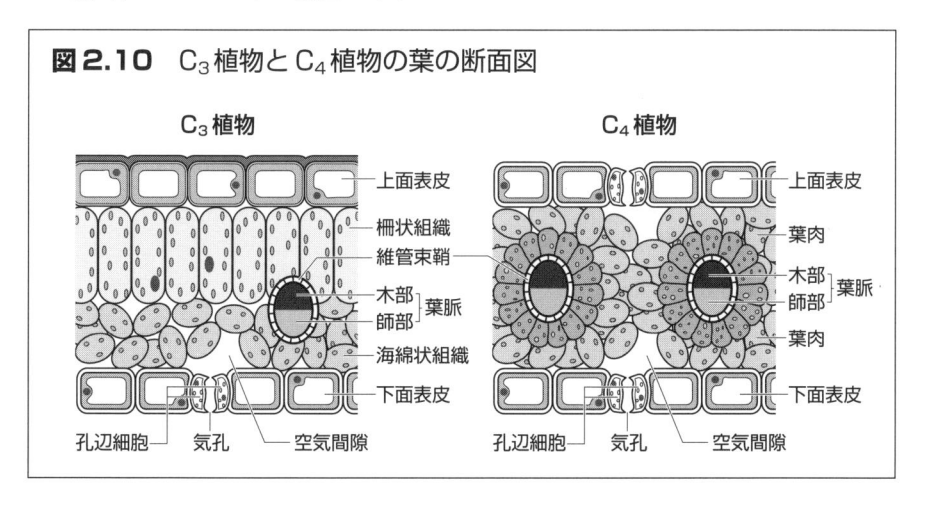

図2.10　C_3植物とC_4植物の葉の断面図

C_4植物の葉肉細胞の葉緑体でできたリンゴ酸やアスパラギン酸は，維管束鞘の細胞の中に取り込まれて，そこで二酸化炭素を放出してピルビン酸となり，ピルビン酸は再び葉肉細胞にもどって，ATPを使ったリン酸化の過程をへて，またPEP（二酸化炭素を固定する受容体）が再合成されます．この反応は回路になっています．

　この過程のあと維管束鞘細胞では，C_3植物と同じカルビン回路が働いて，放出された二酸化炭素から糖が合成されます．つまり，C_4植物でも，最終的に糖を合成する過程はカルビン回路なのです．

　C_4植物は2つの回路を，葉肉細胞と維管束鞘細胞という，2種類の細胞で分業して行っています（**図2.11左**）．C_4植物では葉肉細胞の葉緑体のグラナはとてもよく発達しているのに，維管束鞘細胞のグラナはあまり発達していません．これに対して，デンプン粒の蓄積は維管束鞘細胞のほうによく見られます．

　C_4回路を使った光合成では，C_3回路だけの場合に比べ，たくさんのATPが必要で，たくさんのエネルギーを消費します．けれども，C_4植物の利点は，細胞内に高い二酸化炭素濃度を維持することによって，光呼吸を防ぐ点にあります．つまり，C_4回路はカルビン回路の「前処理」として，C_3回路がもっと有効に機能していたと考えられる太古の地球環境を，維管束のまわりに，局所的につくり出しているのです．

　葉肉細胞から維管束鞘細胞へ，二酸化炭素がどんどん送り込まれるので，ルビスコは酸素と結合することなく，効率よく二酸化炭素を固定していきます．また，カルビン回路も光呼吸も，維管束鞘細胞という奥まった場所でだけ起こるので，光呼吸で二酸化炭素がつくられても，それが外に出て行く前に葉肉細胞でまたC_4回路に取り込まれてしまい，二酸化炭素がむだになることもありません．気孔を開くことも最小限ですみ，余分な水分が失われることも防げます．そして，PEPカルボキシラーゼは，酸素によって反応が阻害されることがありません．

平行進化したC_4植物

　イネ科では，トウモロコシやサトウキビはC_4植物ですが，イネやコムギ，ライムギなどはC_3植物です．同じイネ科に属する植物で比較すると，同じ環境条件において，C_4植物の光合成量は，C_3植物の2倍〜3倍といわれています．

　C_4植物は，温帯よりも熱帯に多く分布しています．C_4植物は，太陽の光が強

ミニ植物図鑑　被子植物・サボテン科

ウチワサボテン
Opuntia ficus-indica

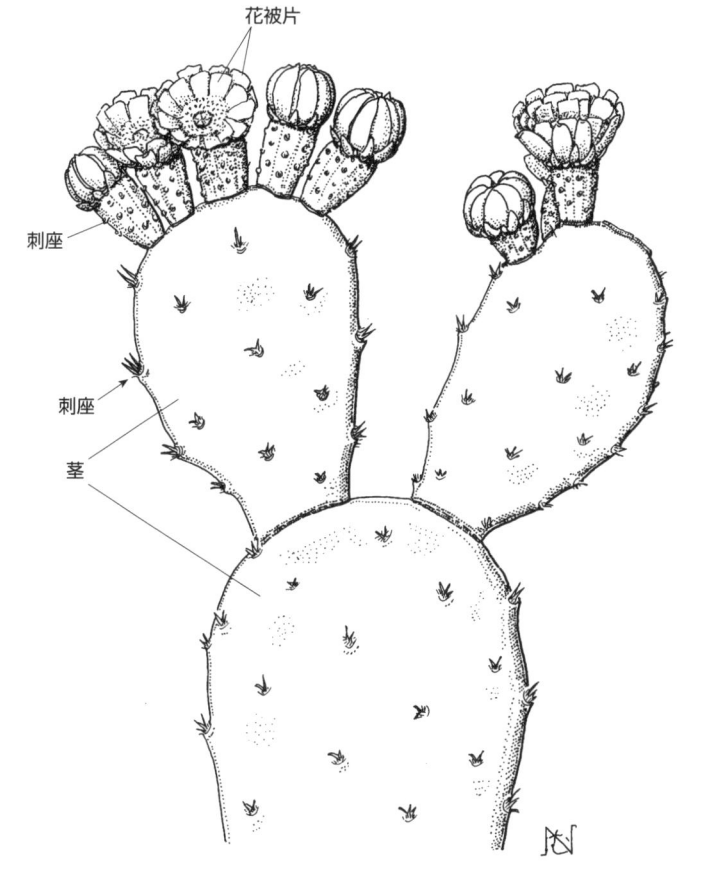

花被片

刺座

刺座

茎

　木質化して円柱状になった茎に，さらに多数のうちわ状の茎（茎節ということがある）を何段にもつけます．とげは葉が変化したもので，茎には刺座（とげがまとまってつく部分）が散在します．刺座にはとげのほかに，芒刺と呼ばれる剛毛がつきます．茎のふちにつく花は，黄色で多数の花被片があり，やがて液果になり，その表面にも多数の刺座があります．果実は食用になります．サボテン科は1種を除いてアメリカ大陸にだけ分布しますが，そのうち数種が他の熱帯地域に侵入しています．

く，温度が高くても平気で，乾燥にも強いものが多く，光合成の最適温度もC_3植物に比べて高くなっています．光が十分にあってエネルギーが十分利用できる場合には，C_4植物のほうが生育には有利になります（光が弱いときは別）．

C_4植物は被子植物だけで，19の科に見られます．そのうち3つが単子葉植物で，残りは双子葉植物です．C_4植物だけからなる科はなく，いずれの科でもC_3植物とC_4植物の両方が見られ，進化的に両者の中間と考えられる種や，環境条件の変化によって相互に転換できる種もあります．このようなことから，C_4植物の進化は，別々の系統で，独立に何回も平行的に起こったものと考えられます．

乾燥に耐えるCAM植物

サボテンなどの多肉植物は，二酸化炭素を固定するために別の方法を進化させました（多肉植物全般をサボテンと呼んでいる人も多いようですが，これは

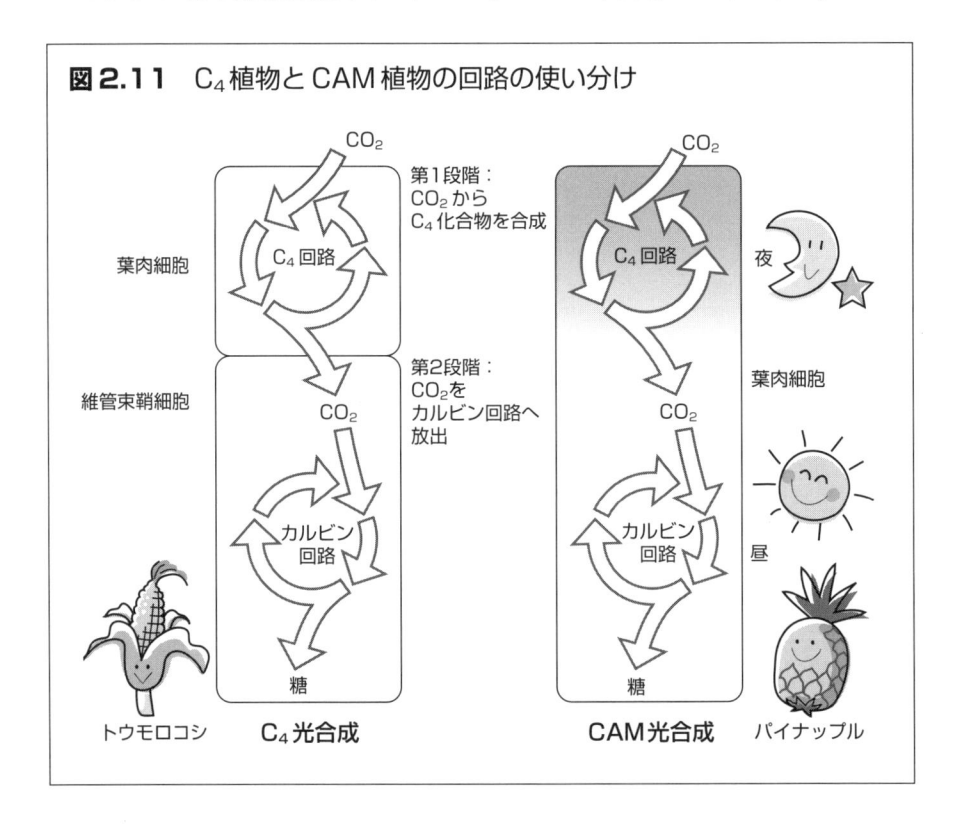

図2.11 C_4植物とCAM植物の回路の使い分け

まちがいです．サボテン科だけでなくベンケイソウ科やトウダイグサ科の一部，ユリ科のアロエなども多肉植物です）．

はじめに，ベンケイソウ科（Crassulaceae）の植物で発見されたことから，この働きをベンケイソウ科型酸代謝（crasssulacean acid metabolism）と呼び，その頭文字をつなげて，「CAM（カム）」と呼んでいます．日本語では「ベンケイソウ型有機酸代謝」ともいい，この型の光合成をする植物を「CAM植物」と呼びます．

CAM植物は，C_4植物と同じように，C_3回路とC_4回路をもっていますが，C_4植物と違う点は，この2つの回路の使用を空間的にではなく，夜と昼という時間的に分けている点です（**図2.11右**）．

CAM植物は，大きな液胞をもっています．気孔は昼間は閉じていて，夜間，開いた気孔から取り入れられた二酸化炭素は，細胞質で炭酸水素イオンとなり，これがPEPカルボキシラーゼの働きによって固定されて，オキサロ酢酸（C_4化合物）ができます．オキサロ酢酸はすぐにリンゴ酸に還元されて，これが液胞内に蓄えられます（**図2.12上**）．夜の間にこの蓄積が起こるので，朝方，ベンケイソウ科の植物の葉をかむと，リンゴ酸のすっぱい味がします．

光が利用できるようになると，液胞に蓄えられたリンゴ酸から二酸化炭素が取り出されて，C_3回路であるカルビン回路に取り込まれます（**図2.12下**）．これら一連の反応は，同じ葉肉細胞の中で起こり，C_4植物のように細胞間での分業はありません（**図2.11**）．

このような光合成の利点は，暑く乾燥した地域で，二酸化炭素を取り入れるために，昼間に気孔を開いて水分を失うのを防ぐことにあります．「多肉」とは，植物体の葉などが水分を多く含んで厚くなっていることを意味していますが，このような場所では，植物は乏しい水分をしっかりと体内に閉じ込めているのです．

CAM植物でむだに失われる水は，C_3植物の5分の1〜10分の1，C_4植物の5分の1〜2分の1くらいと見られています．乾燥が続くときには，気孔をずっと閉じたままで，代謝をできるかぎり低く抑えて，自分の呼吸によって放出された二酸化炭素だけで，長い間生き続けることもできます．そのために，乾燥しすぎることの多い，室内の観賞植物に利用されているものがたくさんあります．

CAM植物は，C_4植物に比べると，維管束植物の間でかなり広く見られます．被子植物では，少なくとも23の科に見られ，その多くは双子葉植物です．すべ

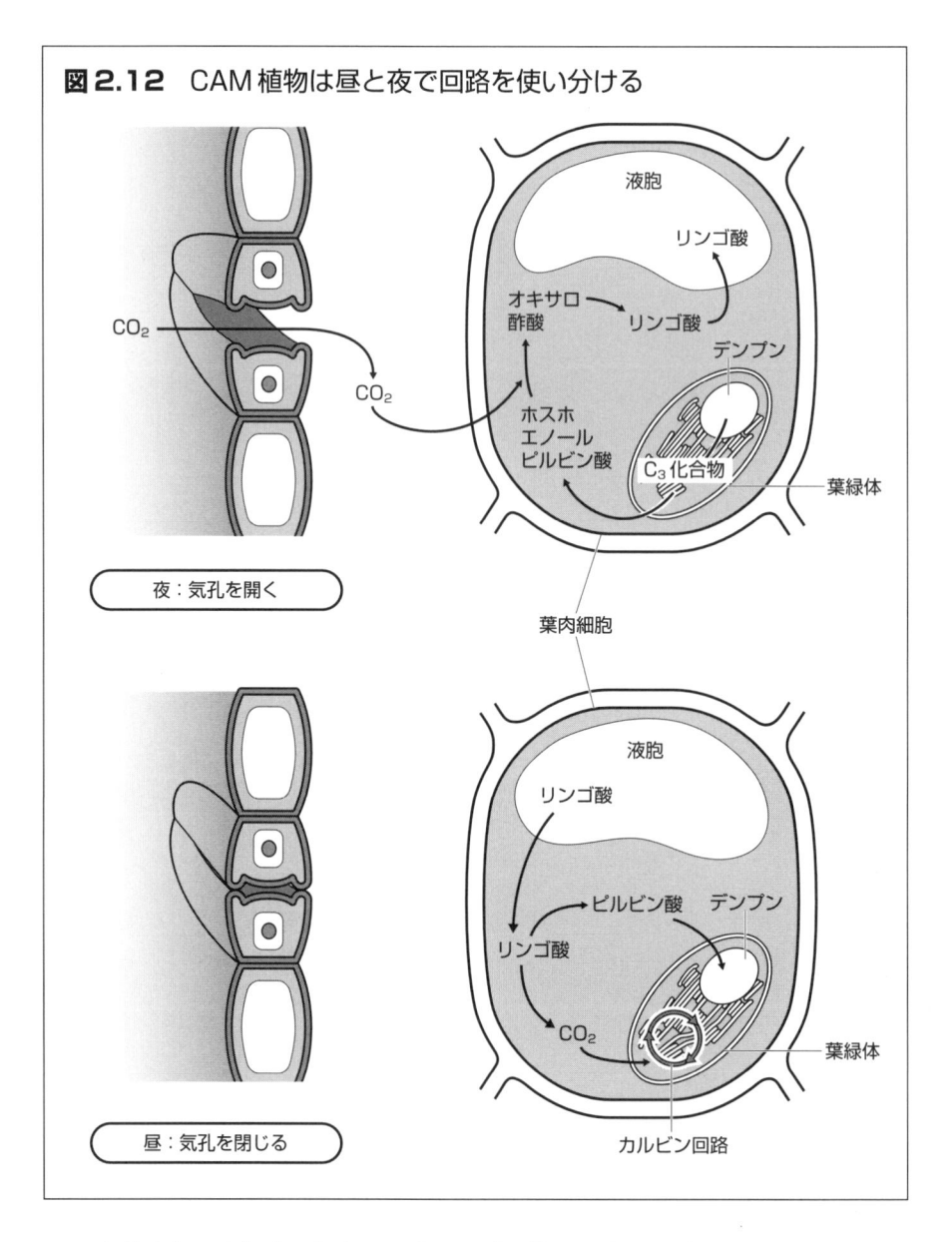

図 2.12 CAM 植物は昼と夜で回路を使い分ける

夜：気孔を開く

液胞
リンゴ酸
オキサロ酢酸 → リンゴ酸
デンプン
ホスホエノールピルビン酸
C_3 化合物
葉緑体
CO_2

昼：気孔を閉じる

葉肉細胞

液胞
リンゴ酸
リンゴ酸 → ピルビン酸
デンプン
CO_2
葉緑体
カルビン回路

てが多肉というわけでなく，パイナップル科のパイナップルやサルオガセモドキ（エアープランツの一種）も CAM 植物です．ナミブ砂漠に生える，裸子植物のウェルウィッチア（2枚しかない葉を何十年にもわたって成長させ続ける）

や，シダ植物で水生植物のイソエテス（ミズニラ）など，裸子植物やシダ植物の中にもこの能力をもつものがあります．

どの植物が有利か

C_4植物は温度が低いときや光が弱い場所では光合成能力は高くないので，いつもC_3植物との競争に勝てるわけではありません．CAM植物は極端な乾燥には耐えますが，成長が遅いので競争に弱く，ほかの植物と競争しなくてもよいような極度に乾燥した場所を好みます．

地球上には多様な環境があり，どの植物がいちばん有利ということはなく，それぞれの環境に適応して生活しています．

2.1.4　植物の代謝

これまで見てきたように，植物は光合成でまずブドウ糖をつくり，水といっしょに吸収した無機物とブドウ糖をもとに，自分の体をつくる物質をすべて合成しています．そして，その合成に必要なエネルギーは，動物と同じように呼吸を行い，ブドウ糖を分解することによって得ています．こうした生物の体内での物質の動きをまとめて「代謝」と呼びます．

植物の体内で行われる代謝を図2.13にまとめました．植物が土壌などから吸

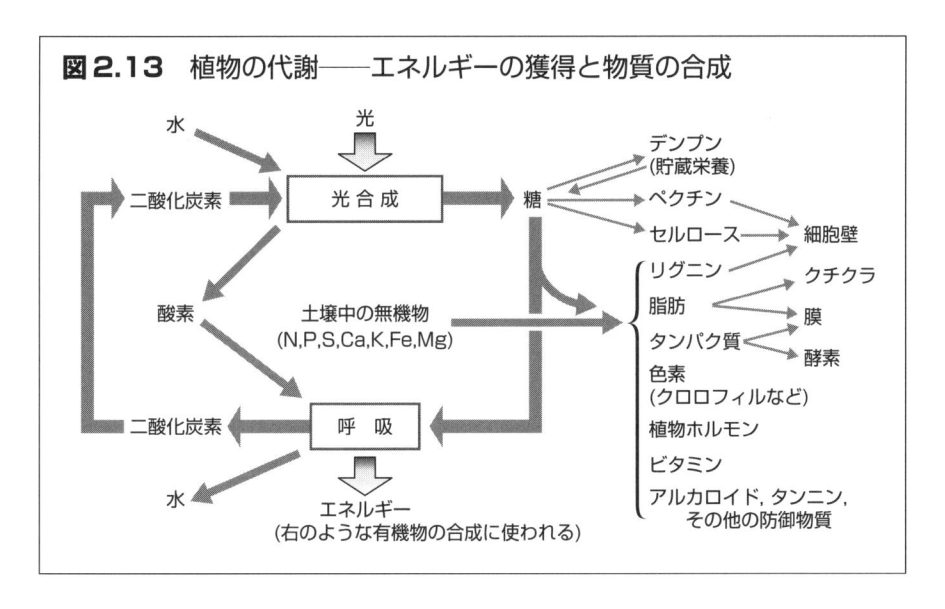

図2.13　植物の代謝——エネルギーの獲得と物質の合成

収しなければならない元素は，窒素（N），リン（P），マグネシウム（Mg），カルシウム（Ca），カリウム（K），硫黄（S），鉄（Fe），そのほかの微量元素です．このうち窒素はとくに，酵素などのタンパク質の原料として不可欠ですし，リンは細胞膜の成分としても，エネルギーの転換の際に働くATPの成分としても重要です．マグネシウムはクロロフィルの成分として，なくてはならないものです．これらの物質は体の構成成分としてだけでなく，成長の調節を行う植物ホルモンや，ビタミン，防御物質のアルカロイド，タンニンなどを体内で合成するために使われます．

このような元素は多くの場合，土壌からしか得られないので．しばしば太陽の光や，水よりも，これらの元素が不足することが，植物の成長を制限しています．そこで，マメ科植物のように，細菌（根粒菌）と共生関係を結んで，空気中にたくさんある気体の窒素を利用するもの（p. 14を参照），すみかや食料を提供することによってアリなどの昆虫を自分の体にすまわせて，窒素をもらうしくみを発達させているもの（アリ植物）もいます．食虫植物のように，昆虫を捕らえて窒素源とすることのできる植物もあります．

また，非常に多くの植物が，土壌中の菌類（カビ，キノコのなかま）と共生関係を結んでいて，根の皮層の中に菌糸が入り込み，「菌根^{きんこん}」と呼ばれる構造をつくっています．このような菌類は，窒素やリンなどを効率よく植物に与えるかわりに，植物の根から光合成産物を得ています．

2.2 植物の運動と反応

植物は動物とは異なり，すばやく動き回るようなことはなく，外界の刺激に対しても目立った反応を示さないように見えます．しかし，よく観察すると，光のほうに向かって成長したり，ほかのものに巻きついたり，よじのぼったりするなど，常に動き続けています．1日の内でも夜になると葉を閉じ，明るくなると開くような，より運動らしい運動も見られます．

また，植物は，季節変化に反応して花を咲かせますし，生育に適さない季節には，葉を落として休眠することもあります．

植物の示す運動や，環境の変化に対する反応を見てみましょう．

| ミニ植物図鑑 | 被子植物・ウリ科 |

カボチャ

Cucurbita moschata

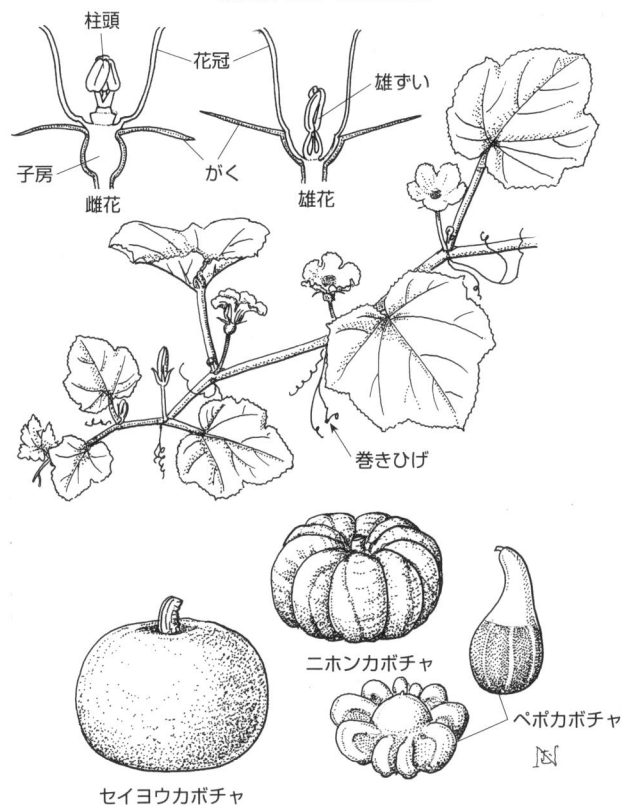

(図：雌花 — 柱頭、花冠、子房、がく／雄花 — 雄ずい、がく／植物体、巻きひげ／セイヨウカボチャ、ニホンカボチャ、ペポカボチャ)

　ウリ科は，巻きひげをもつつる植物で，熱帯を中心に分布し，119属775種があります．雄花と雌花をもち（雌雄異花），雄花の雄ずいはさまざまに変形します．子房は下位で，3つの心皮からなる側膜胎座をもちます．果実はウリ状果という，種子のまわりに海綿状の組織が発達する裂開しない液果で，キュウリ，カボチャ，トウガン，メロン，スイカなど，食用にする種が多くあります．現在の食用にされるカボチャの主流は，甘くて肉質がホクホクしているセイヨウカボチャで，明治時代にアメリカから入りました．それ以前に東南アジアから入ったニホンカボチャは，ねっとりしていて日本料理に利用されます．このほか，飼料用や装飾用に栽培されるペポカボチャがあります．

2.2.1 植物の運動

基本は成長運動

　植物には，私たちがもっている筋肉のような，運動を専門に行う器官や組織はほとんどなく，簡単に体の全体を別の場所に移動することはできません．しかし，茎は，成長しながら，屈曲して体の向きを変えることができます．これを「成長運動」と呼んでいます（**図2.14**）．

　成長運動には，光合成をするために葉が光を受けやすい方向に曲がって成長していく屈光性（光屈性），重力に対して反応する屈地性（重力屈性）などがあります．屈地性の場合，根は地中（重力の方向）に向かうので正の屈地性，茎は地面と反対の方向に向かうので負の屈地性と呼びます．

　このような性質は，「植物ホルモン」と総称される，成長を調節する物質の働きによっています．おもな植物ホルモンの働きを**表2.1**にまとめました．植物ホルモンの一つオーキシンは，茎や根が伸びるときに細胞を伸長させる働きをもちます．オーキシンは茎の頂端分裂組織の葉原基や若い葉でつくられ，根まで移動して行きます．屈光性では，茎の，光の当たらないほうにオーキシンが移動して，オーキシンの濃度は，光の当たっていない側で高くなります．すると，光の当たらない側の成長速度が速くなるために，光の方向に曲がって成長します．このように，光の照射や重力などの刺激によって，内部のオーキシンの分布が変化すると，茎や根などの成長に偏りができて，屈曲が起きます．

膨圧によるすばやい運動

　すべての植物がもっている性質ではありませんが，膨圧の変化を利用して，もっとすばやい可逆的な運動をする植物もあります（**図2.14**）．

　オジギソウの葉にさわると，小葉が閉じて，さらに葉柄もその付け根のところから折れ曲がって，まるでおじぎをするように葉がたたまれてしまいます．この反応は，小葉の付け根と，葉柄の付け根にあるふくらんだ部分（葉枕と呼ぶ）の細胞の膨圧の変化に基づくことが知られ「膨圧運動」と呼びます．

　葉の形がよく似たネムノキも，夜間に同じようなふるまいをするので，まるで眠っているように見えます（だからネムノキといいます）．ネムノキのように夜間に葉を閉じる運動は「就眠運動」と呼ばれます．ネムノキもオジギソウも

図 2.14 植物のさまざまな運動

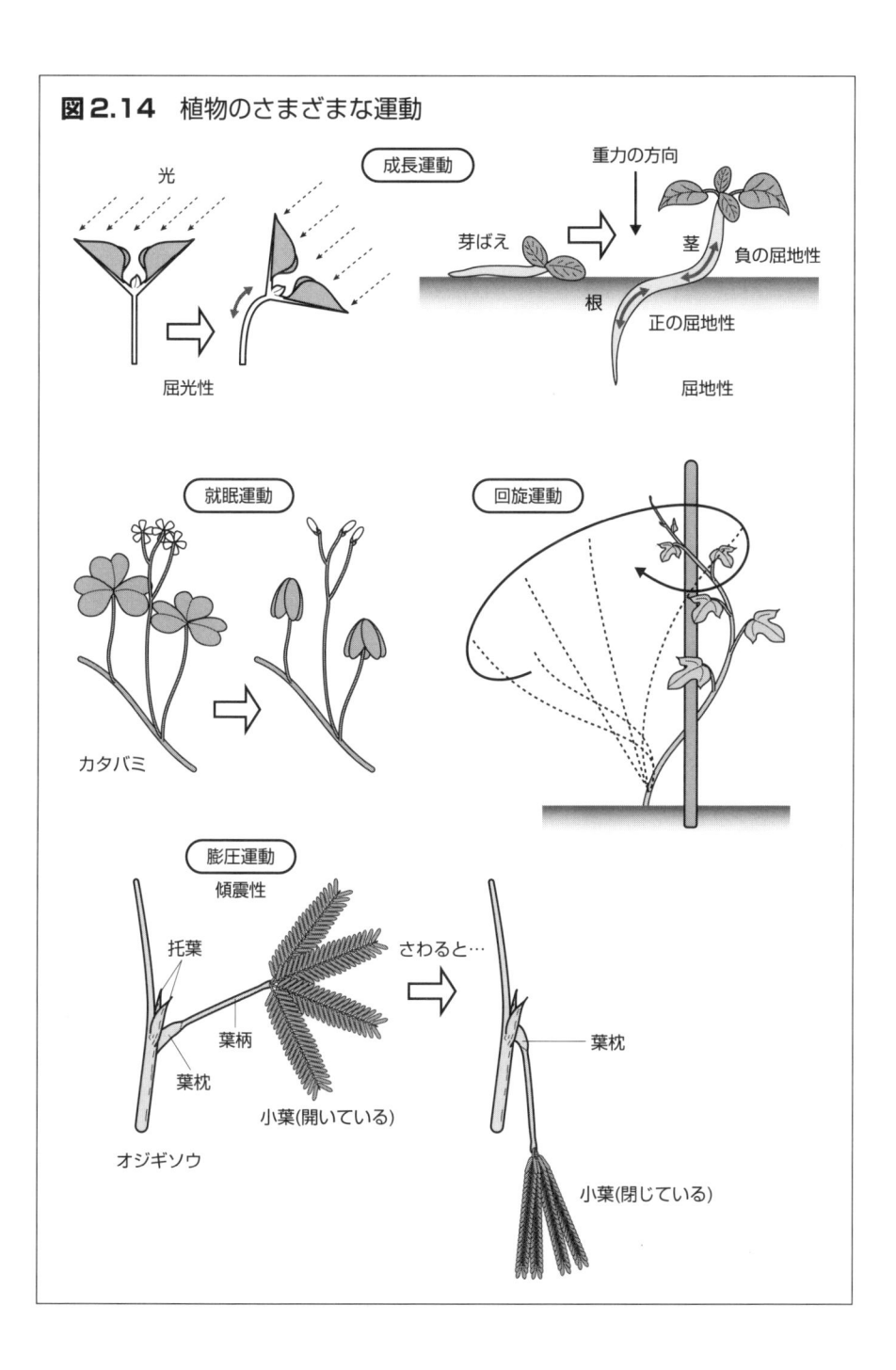

成長運動

光

屈光性

重力の方向

芽ばえ　茎　負の屈地性

根　正の屈地性

屈地性

就眠運動

カタバミ

回旋運動

膨圧運動

傾震性

托葉
葉柄
葉枕

小葉(開いている)

オジギソウ

さわると…

葉枕

小葉(閉じている)

表2.1 おもな植物ホルモンとその働き

植物ホルモン	合成場所と移動	働き
オーキシン	葉原基，若い葉，発生中の種子で合成．細胞から細胞へ，一方向に移動（極性移動）	頂芽優勢，屈性，維管束組織分化，形成層の活動促進，不定根の誘導（切除時），落葉・落果の阻害，エチレン合成促進，花芽形成促進（パイナップル）・または阻害，果実の発達促進
サイトカイニン	根端で合成．木部を通り，根からシュートへ移動	細胞分裂，組織培養におけるシュート形成の促進，葉の老化の遅延，頂芽優勢からの側芽の解放
エチレン	ストレスを受けた植物組織，とくに老化や成熟している組織で合成．ガスとして拡散移動	果実の成熟（リンゴ，バナナ，アボカド），葉・花の老化，落葉・落果
アブシジン酸	成熟した葉で，とくに水ストレスに反応して合成．種子でも合成されている可能性がある．葉から篩部を通って移動	気孔を閉じる，葉から発達中の種子への光合成産物の輸送誘導，貯蔵タンパク質の種子中での誘導，胚形成，種子や芽（一部の種で）の休眠の誘導や維持（？），落葉とは無関係
ジベレリン	シュートや発達中の種子の若い組織で合成（根では合成があるかどうか不明）．菌類によっても合成される．一部はおそらく木部と篩部を通って移動	細胞分裂と細胞伸長の両方によるシュートの（異常）伸長促進，種子の発芽の誘導，長日植物・二年生植物での花芽形成促進，穀類の種子の酵素生産の調節

マメ科の植物です．就眠運動をするものには，ほかにカタバミがあります．

熱帯に生えているクズウコン科の中には，葉の葉柄と葉身の間に葉枕があって，その膨圧運動によって，葉身を垂直に立てたり，葉を水平にしたりできるものがあります（ヒョウモンショウ）．

すべての植物が行う回旋運動

つる植物の茎を，コマ落としで撮影して，時間を短縮して見てみると，茎の先端は常にゆっくりと円を描くように回転しています．これを「回旋運動」と呼んでいます（**図2.14**）．この運動は，外からの刺激とは無関係に，自然に起こる自律運動です．茎の同じ位置の片側で成長が起こると，この成長している側と反対側に茎を押す力が生じるためにこの運動が起こります．つるだけでなく，一見まっすぐに成長しているように見える植物の茎も，実際には往復運動や，回旋運動をしています．

可逆に見える不可逆な運動

一見すると可逆（同じことの繰り返し）のように見えながら，不可逆な運動があります．食虫植物のハエジゴクは，2枚の葉が，ちょうど動物をつかまえるわなのようになっていて，昆虫が間に入って表面の毛にふれると閉じて昆虫を捕らえますが，昆虫を消化・吸収したあとまた葉は開きます．

この運動は，膨圧などによる可逆運動に見えますが，不可逆な成長運動に基づいていて，葉の内側と外側の細胞の伸長成長がそれぞれ交互に起こり，その結果，葉が開いたり閉じたりします．葉が閉じるときに起こる外側の伸長はあまりにもすばやくて，とても成長とは思えないくらいですが，回旋運動と同じように，実は成長運動を押し出す力に変えています．そのため，葉はだんだん大きくなっていき，開閉できる回数には限りがあります．花の開閉運動も，繰り返し起こるので可逆に見えますが，花弁の表と裏で交互に伸長成長が起こる成長運動の一種です．

2.2.2 植物と季節変化

植物は，季節変化に対してもそれぞれいろいろな反応をします．季節の移り変わりとともにいろいろな花が咲き，春には新しい葉が展開し，秋になると紅葉して葉が落ちます．毎年繰り返される見慣れた現象ではありますが，その変化は私たちの目を楽しませてくれます．植物によって応答のしかたが少しずつ違っていることは，複雑で多様な植物の適応を私たちに教えてくれます．

決まった季節に花を咲かせるしくみ——光周性

植物には，春に花を咲かせるものもあれば．秋に咲く花もあります．決まった時期に花を咲かせるしくみには，いくつかの要因が働いていますが，重要な要因の一つに日長の変化があります．

日の長さは，夏には長くなり，夏至を過ぎるとしだいに短くなっていきます．このような変化を感じとって，決まった時期に花芽をつける植物があります．夏に向かって日が長くなると花芽をつける植物を「長日植物」，短くなると花芽をつける植物を「短日植物」，日長と無関係にある程度成長すると花芽をつける植物を「中性植物」と呼んでいます．また，このように日長の変化によって特定の反応が起こる性質を「光周性」と呼びます．

このような反応を引き起こすのは，実際には日の長さ（明期）ではなく，夜の長さ（暗期）であることが実験で確かめられています．キクやコスモスなどの短日植物では，暗期の長さがある一定時間以上になると花芽ができますが，長日植物では，一定時間以下にならないと花芽ができません．このような花芽をつけるかどうかを決定する暗期の時間を，限界暗期と呼びます（**図2.15**）．

　限界暗期の長さは植物の種によって決まっています．秋に花を咲かせる短日植物のキクでは約10時間で，夜の長さが10時間以上になると花芽ができます．連続した暗期の長さが重要なので，夜の間に光を当てて，連続した夜の長さが10時間以上にならないように暗期を中断すると，花芽はできません．

　これを利用して，花の咲く時期を調整してやれば，好きなときにキクの花を咲かせることができます．実際，キクの花は一年中生産され，出荷されています．ポインセチアは11.5時間，イチゴは14時間の限界暗期をもつ短日植物です．長日植物にはカスミソウ，カーネーション，ホウレンソウなどがあります．

　植物が日長の変化を感じて花をつけるメカニズムには，なんらかの物質が関係していると考えられてきました．なぜなら，日長の変化は葉で感じていること，その物質が篩管を通じて移動するらしいことなどを示す実験事実があるからです．日長変化のシグナルは茎頂や葉腋の分裂組織に伝えられて，それまで

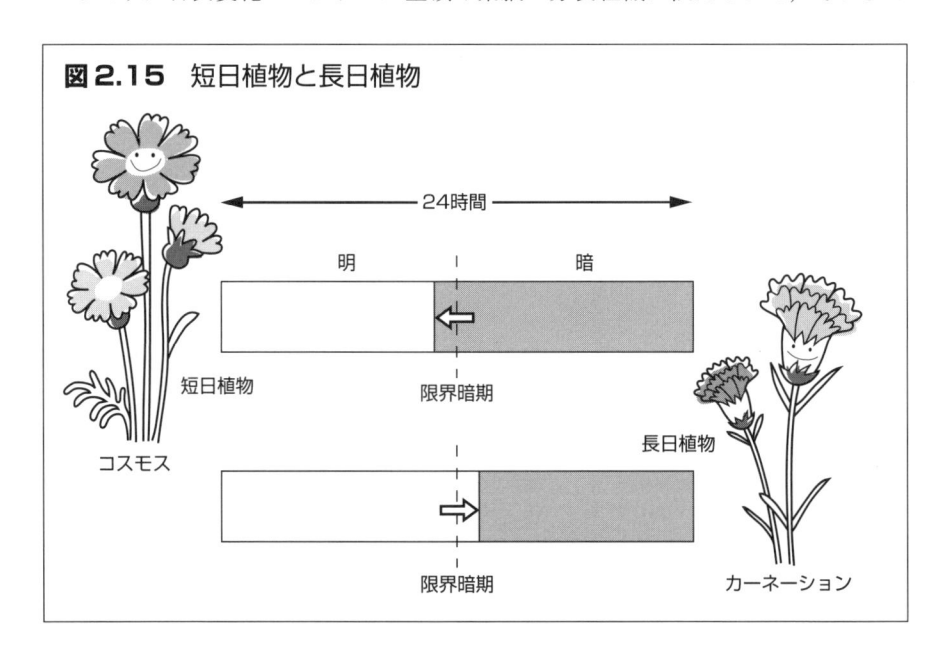

図2.15　短日植物と長日植物

葉をつくっていた分裂組織は葉をつくるのをやめ，花芽成長への転換が起こります．いったん花芽をつけるスイッチが入ってしまうと，もはや葉をつけることはなく，花になる過程が途中でストップするようなことはありません．しかし，「花成ホルモン」と名づけられたこの物質の実体はわかっていません．

落葉と植物ホルモン

葉の付け根には，離層と呼ばれる細胞層があります．秋になると，この層の細胞壁のセルロースやペクチンが分解されて，細胞どうしの接着が弱くなり，落葉が起こります．春から夏にかけては，葉でつくられるオーキシンが，離層の細胞どうしが離れないようにしていますが，秋になると，夜間の低温や日長の短さが引き金となって，葉からエチレンが放出され，この反応が起きます．

このように，エチレンは植物ホルモンとしての働きをもっていて，植物がストレスを受けたときや，傷ついた組織で多くつくられ，このほかに果実を熟させる働きもあります（**表2.1**）．エチレンやオーキシンなどの植物ホルモンの生理作用は，いろいろなところで応用されています．エチレンは出荷前に果実を熟させるのに使われていますし，オーキシンは落果を防ぐのに用いられます．

植物と低温──春化

植物は秋になると活動を停止して，冬の間は休眠します．これは夜間の温度の低下や日長が短くなることによって引き起こされます．植物によっては，低温に長期間さらされることが，その後の植物の活動，種子の発芽，花芽の形成に不可欠です．コムギの栽培品種の一部では，低温処理をしないと発芽しないことから，この現象が発見され，春化と呼ばれています．

キャベツやセロリなど，二年生植物（一生を2年で終える植物）の多くは，花芽をつけるためには冬の低温に一時期さらされることが必要で，1年目は茎の節間が短く，すべての葉が地ぎわから出るロゼットの状態で冬を越しますが，2年目になると茎の節間が伸びて，茎の先端に花を咲かせて一生を終えます．多年生植物（何年にもわたって生き続ける植物）のキクも，前年に成長したシュートは，低温に一度さらされないと，翌年に花芽をつけることはできません．

このような低温に対する植物の反応には，おもにジベレリンという植物ホルモンの蓄積が関係していると考えられています．植物をジベレリンで処理すると，低温処理した場合と同じ反応を引き起こすことができます．

> ミニ植物図鑑　　裸子植物・マツ科

クロマツ
Pinus thunbergii

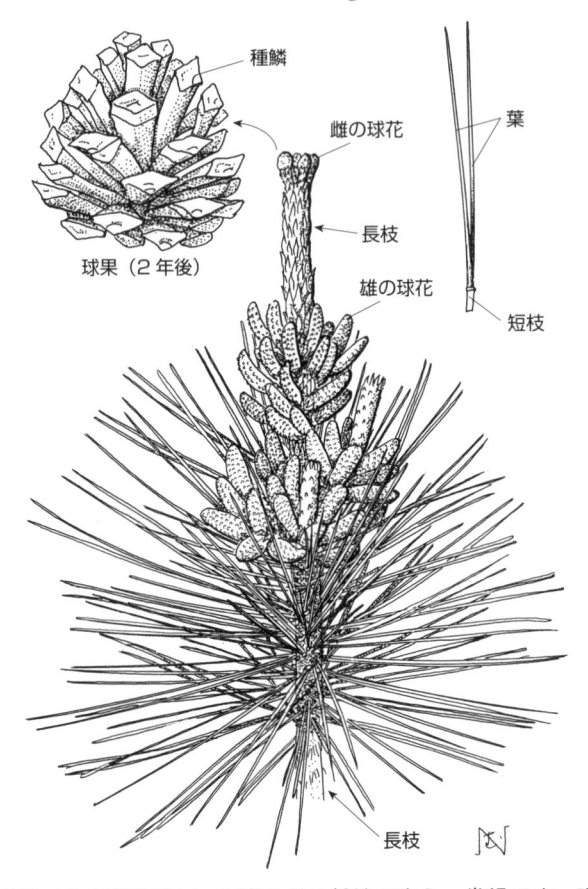

球果（2年後）
種鱗
雌の球花
長枝
雄の球花
葉
短枝
長枝

　クロマツは日本の野生種で，海岸などの低地に生え，常緑です．斑入りなどの園芸品種もつくられています．その年に伸びた長枝のまわりに多数の短枝がつき，短枝の先には針状の葉が2枚ずつつきます．ちなみに，ゴヨウマツ（五葉松）では5枚つきます．雌の球花は伸びた長枝の先のほうに，雄の球花は基部につきます．花粉が雌の球花について受粉が行われてから，花粉管が伸びて受精が行われるまでに14カ月かかるので，受粉から球果が熟して種子ができるまで2年もかかります．球果の種鱗の内側には，翼のある種子が2個ずつつきます．

第3章
植物の生殖

花と果実の多様性と植物の生活史

第1章で説明した根・茎・葉という構造は，植物の形の基本ですが，その多様性はそれほど高くありません．植物の体の中で最も多様性が高いのは，生殖において重要な役割を果たす，花と果実の構造です．

　そのため，花や果実の特徴は，植物の分類や進化を考える基礎として用いられてきました．植物を同定する際に，その植物がどの属や科などの上位の分類群（詳しくは第4章）に属するかを知る有用な手がかりになります．この章では，花と果実，そして植物の生殖の過程（生活史）について解説します．

3.1　花　序

　茎の先に1つだけ花をつける場合もありますが（頂生），多くの場合，花は葉腋につきます（腋生）．また，花は多くの場合，ある規則性をもって複数がまとまってついています．このような規則性のある花のまとまり（シュートの集まりなので，これをシュート系と呼びます）を「花序」と呼んでいます．このようなシュート系そのものだけでなく，シュート系を構成する，花の配列のしかたのことも，花序と呼びます．花序のタイプは，植物を分類するうえでも，最も重要な特徴の一つです．

3.1.1　花序の分類

　花序にはいろいろなタイプがあります（図3.1）．一見しただけでも，花が平らに並んでいたり，長い尾のように垂れ下がっている場合もあれば，花火のように広がっていたりします．さらによく観察すると，特定の種の花序（花のつき方）には，かなり精密な一定のルールがあります．

総穂花序と集散花序

　花序は大きく分けると，2つのグループに分けられます（図3.1）．一つは，同じ茎頂の頂端分裂組織（茎頂分裂組織）の活動によって，絶えず腋芽として花がつくられ続ける単軸分枝（第1章，p. 16参照）のグループで，これを「総穂花序」と総称しています（広義の「総状花序」ともいう）．

　もう一つは，茎頂分裂組織が花をつくると，シュートとしての成長はそこで終わり，腋芽が新しいシュートとして成長し，花が次々につくられる仮軸分枝

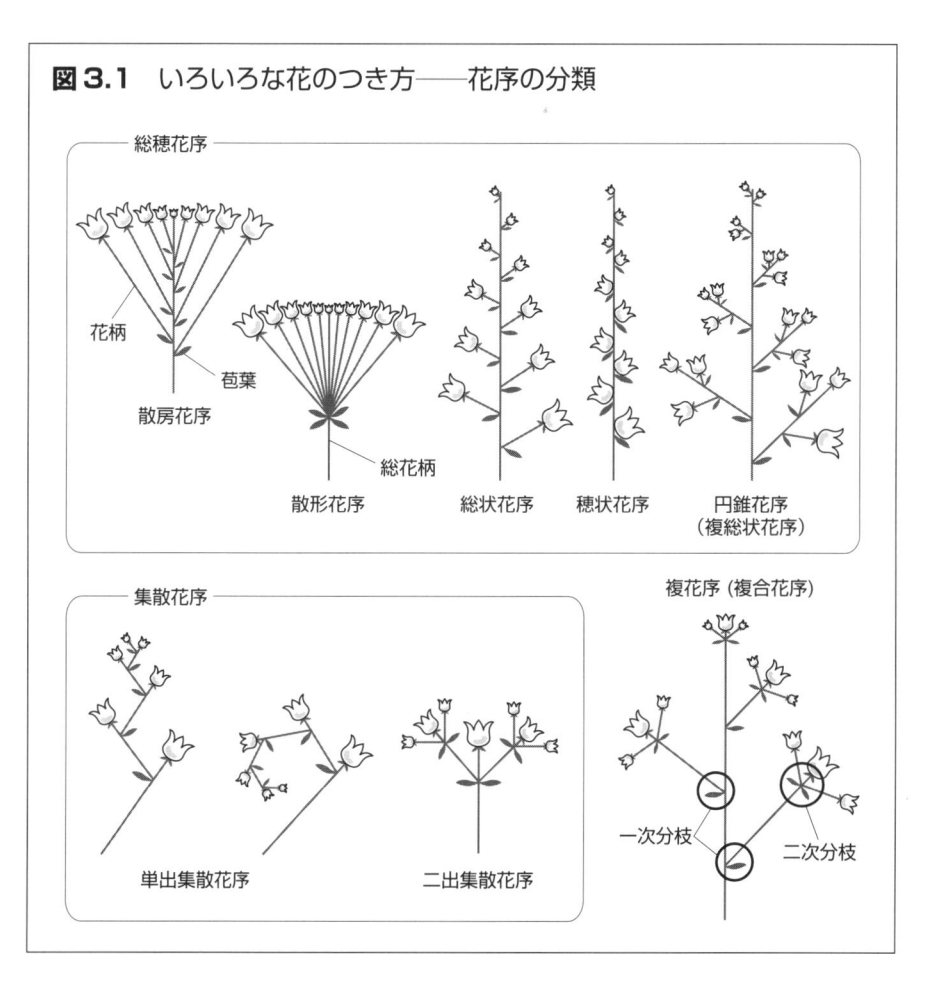

図3.1 いろいろな花のつき方——花序の分類

- 総穂花序
  - 花柄
  - 苞葉
  - 散房花序
  - 総花柄
  - 散形花序
  - 総状花序
  - 穂状花序
  - 円錐花序（複総状花序）
- 集散花序
  - 単出集散花序
  - 二出集散花序
- 複花序（複合花序）
  - 一次分枝
  - 二次分枝

のグループで，これを「集散花序」と総称しています．

　総穂花序も，集散花序も，以下に紹介するように，さらに細かく多くのタイプに分けられています（**図3.1**）．

総穂花序のいろいろ

　花に柄（花柄）がない場合を「穂状花序」と呼び（イノコズチ，オオバコ），それが垂れ下がっている場合を「尾状花序」と呼びます（コナラ，シラカバ）．フジのように花に花柄があり，その長さにそれほど変化がない場合は「総状花序」と呼びます（ベロニカ，ムスカリ，ヒヤシンス）．

花序の下のほうにつく花ほど花柄が長く，上の花ほど花柄が短くなった結果，花が平面上に並ぶような総穂花序は，「散房花序」と呼びます（コデマリ，ナナカマド）．花序の主軸（花序軸や総花柄と呼ぶ）の節間がさらに短縮して，セリ科のように，花柄が1カ所から出ている場合は「散形花序」と呼びます．

集散花序のいろいろ

集散花序には，互生する葉の葉腋から新しいシュートが伸びる「単出集散花序」と，対生する葉の葉腋から新しいシュートが伸びる「二出集散花序」とがあります（**図3.1**）．

単出集散花序の場合，一つの葉と次の葉の間の角度はいろいろで，それぞれの外見によって異なったタイプの花序として区別されます．たとえば，ムラサキ科の花序はサソリの尾のようにねじれていくので，これを「サソリ形花序」と呼びます（コンフリー（ヒレハリソウ），ワスレナグサ）．らせんを描いている場合は「カタツムリ形花序」と呼んでいます（ノカンゾウ，ニッコウキスゲ）．

二出集散花序は，ナデシコ科（ハコベ，カスミソウ）のほか，ヤブガラシ（ブドウ科），マサキ（ニシキギ科）などに見られるタイプで，シュート全体が二またに分枝していくように見えます．

複花序――基本パターンの組み合わせ

花序全体の枝分かれのパターンが，これら基本的なパターンの組み合わせになっている場合もあります．このような場合は，「複花序（複合花序）」と呼んでいます．たとえば，シュートの主軸（総花柄）からの分枝は単軸分枝で，そこからの二次的な分枝は仮軸分枝になっている場合，花序全体は総穂花序と集散花序の組み合わせでできています（**図3.1右下**）．

総状花序の枝分かれが何回も繰り返されて，大きな花序をつくる場合もあります．これは，全体が円錐形になることから，「円錐花序」とも呼んでいます（**図3.1右上**）．

花序の枝分かれがこのように複雑な場合は，シュートの主軸からの枝分かれを「一次分枝」，次の枝分かれを「二次分枝」と呼んで区別するようにします（**図3.1右下**）．

無限花序と有限花序

　集散花序は，先端に花をつけ，そこで成長が止まるため「有限花序」と呼ばれ，総穂花序は先端に花を頂生して成長が終わることはなく，いつまでも伸び続けられるため「無限花序」と呼ばれることがあります（**図3.2**）．しかし，総穂花序も現実には花序の先端はしだいに成長が弱まり，シュートの先端の茎頂分裂組織が活動をやめてしまい，シュートの成長はそこで止まります．そして茎頂分裂組織そのものが花になる場合もあれば，最後の腋芽が，見かけ上は頂生する花のように見える場合もあります．

　総状花序の花柄がなくなり，花序の節間が短くなって花茎も短縮し，円盤の上に多数の花が直接ついているような状態になったものが，キク科に見られるような「頭状花序」です（**図3.2左**）．花序全体が一つの花のように見えるので，これを「頭花」と呼びます（「ミニ植物図鑑」のガーベラ（p. 149））．集散花序の場合にも，節間が短縮していけば，同じように頭花となります．ミズキ科のハナミズキやヤマボウシ（「ミニ植物図鑑」，p. 83）．の頭花は，二出集散花序の軸が短縮したものです（**図3.2右**）．

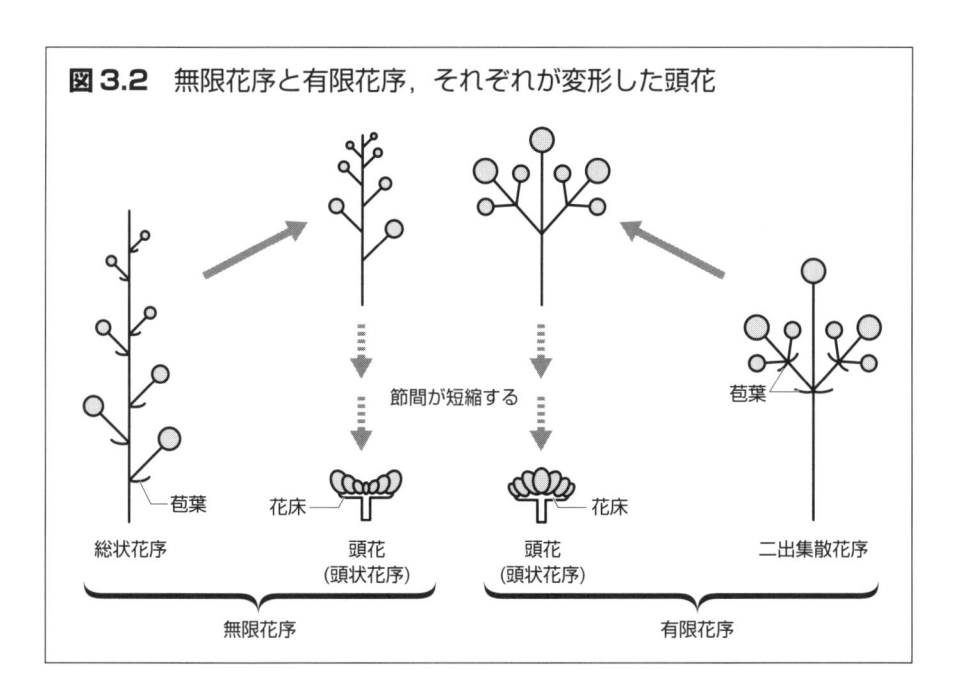

図3.2　無限花序と有限花序，それぞれが変形した頭花

3.1.2 苞葉——花を抱く葉

　花が腋生している場合，その花を抱く葉，つまり蓋葉は，「苞」または「苞葉」と呼ばれます（**図 3.1**）．苞葉は，普通葉とあまり違いがない場合もありますが，たいていは花が形成されるのにともなって，その形や色が普通葉とは違っています．植物によっては，一つのシュートでつくられる葉に，普通葉から苞葉へと連続的な変化が見られる場合もあります．苞葉は，シュートの先端のほうでつくられるので，「高出葉」と呼ばれることもあります．

　その腋に花を抱いていなくても，花の形成にともなって花序を包んでいる葉の色や形に変化が見られる場合もあります（「ミニ植物図鑑」のヤマボウシ（p.83））．このような場合も，この葉を苞葉と呼びます．

　苞葉は，花や花序全体をつぼみのときに覆って保護する働きを担っている場合もありますが，花序の先端にいくに従って退化し，なくなっている場合もあります．また，逆に花そのものは小さくて，苞葉のほうが目立って，花弁と同じように昆虫を引き寄せる役割をしていることも少なくありません（ポインセチア，ブーゲンビレア，ハナミズキ，ヤマボウシなど）．

　一つ一つの花の軸（花柄）に，小さな葉が見られる場合があり，これを特に「小苞」と呼びます．小苞も，花の形成にともなってつくられる一種の葉なので，苞葉の一種です．小苞は，アサガオ（ヒルガオ科），シャクナゲ（ツツジ科），キキョウ（キキョウ科）など，双子葉植物では1つの花の花柄に2枚が対になってつくのがふつうで，これら一個一個の花をシュートとみなした場合は，最初に出る葉ですから，前出葉（前葉）とみなします．単子葉植物の場合は，アヤメやグラジオラスに見られるように，小苞は1枚です（イネ科の第二包頴もこれにあたる．第4章の**図 4.12**を参照）．

　キク科の場合には，頭状花序のまわりに多数の葉状のものが見られます（タンポポなど）．このように花序全体を包んでいる葉も，苞葉の一種です．これらをまとめて「総苞」と呼びます．その一片一片は「総苞片」と呼びます．ミズキ科のハナミズキやヤマボウシ（「ミニ植物図鑑」，p. 83）の苞葉も，頭状花序を包んでいるので，総苞片と呼んでいます．

ミニ植物図鑑　被子植物・ミズキ科

ヤマボウシ
Cornus kousa

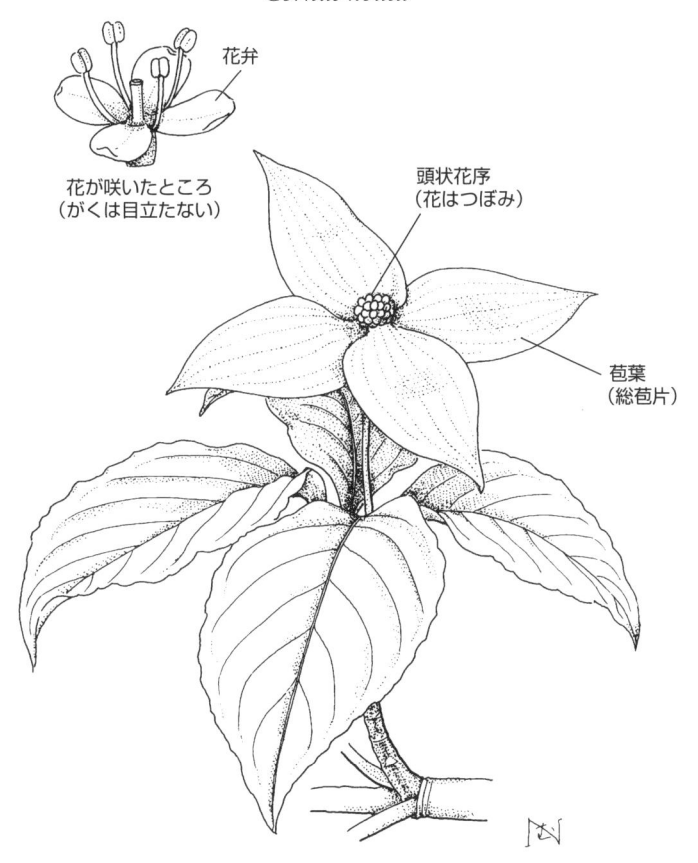

花弁
花が咲いたところ
（がくは目立たない）

頭状花序
（花はつぼみ）

苞葉
（総苞片）

　ヤマボウシの名は，花弁のように見える，大きくて目立つ白い苞葉（総苞片ともいう）を，昔の僧（山法師）が頭にかぶった白い頭巾に見立てたものといわれています．高さ4〜10 mの落葉高木で，北海道を除く日本の山地に生え，5〜7月に4枚の大きな苞葉に取り巻かれた頭状花序をつけます．花は30個ほどで，径5 mmほどで黄緑色，花弁と目立たないがく片は4枚ずつで4本の雄ずいがあります．果実は，各花がくっつきあって径1〜2 cmの球状の複合果をつくります．果実は9〜10月に赤く熟し，甘みがあります．

3.2 花

3.2.1 花の構成単位

　花序を構成する一つ一つの花は，基本的に「がく」，「花冠」，「雄ずい」，「雌ずい」の4つの基本単位からなっています．このうち，がくと花冠は，それぞれ複数のがく片および花弁からなっていて，それらの一片一片が離れている場合（離生）と，基部で合着して筒のようになっている場合（合生）があります．雄ずい，雌ずいも，一本一本が離れている場合と，合着している場合があります．雄ずい，雌ずいの集合は，雄ずい群，雌ずい群と呼びます．

　多くの場合，花では花冠が目立ちますが，がくや雄ずい群，苞葉などのほうが目立つ場合もあります．これらを目立たせる大きな理由は，昆虫や鳥，小動物を引きつけて，花粉を雄ずいから雌ずいに運んでもらうことにあります．風によって運ばれる場合もありますが，特定の動物に確実に運んでもらえば，つくる花粉の量は少なくてすみ，とても経済的になります．

3.2.2 花の基本構造

　花の基本構造を**図3.3**に示しました．被子植物の花は多様で，すべての花がこれとまったく同じ構造をしているわけではありませんが，外側から順に，がく，花冠，雄ずい群，雌ずい群があります．がくや花冠などがついている茎の先端部分を「花床（または花托）」と呼んでいます．植物の種によって，花床は発達して円盤状になったり（ボタン，アオキ，ヤブガラシ），円錐状（モクレン）や半球状（イチゴ）にふくらんだりしていることもあれば，逆にくぼんで中に雌ずいの子房を包み込んでいることもあります（バラなど．後出の**図3.13**と「ミニ植物図鑑」のノイバラ（p. 143）を参照）．

　なお，「花床」という言葉は，キク科の頭状花序などで，小花が多数ついている総花柄の先端が平らに広がった部分をさすのにも使われています．

がく片と花弁の形・色・配列

　がく片と花弁は，内と外の別々の環として配列し，形や色もはっきり異なっている場合もありますが，両者の区別が明確でない場合もあり，両者をまとめ

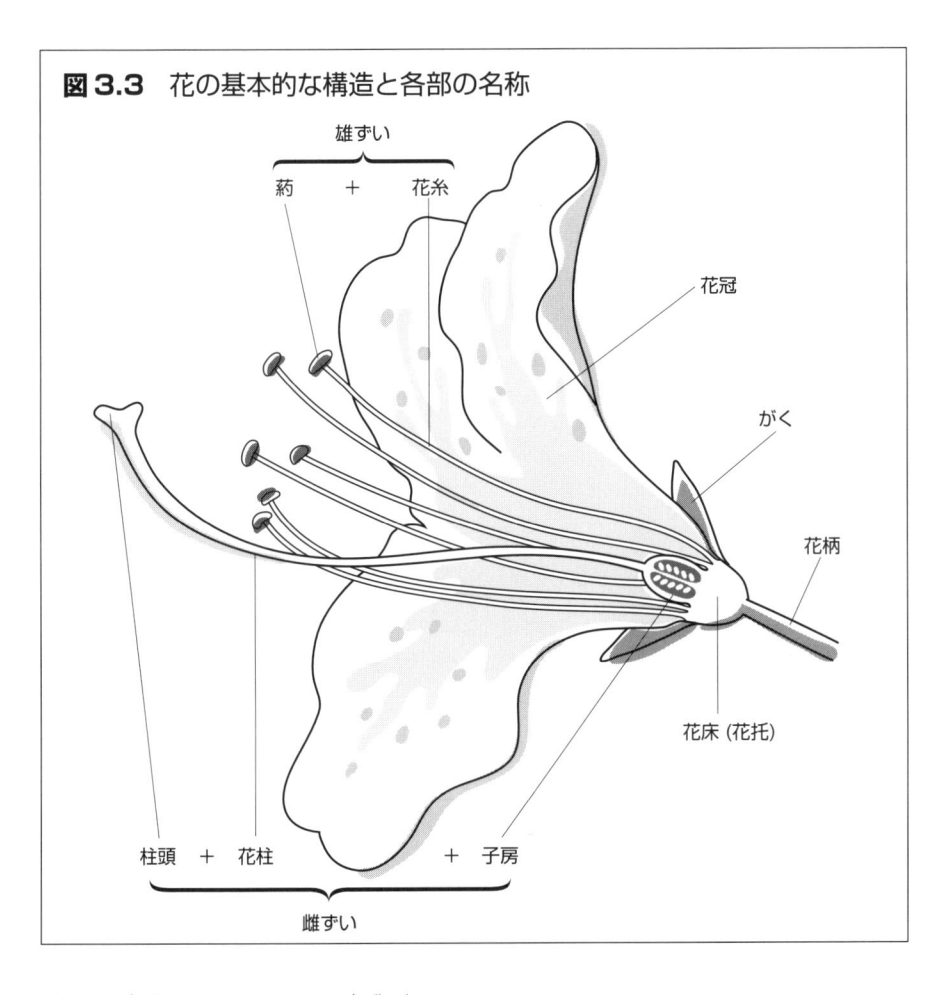

図3.3 花の基本的な構造と各部の名称

雄ずい
葯 ＋ 花糸

花冠

がく

花柄

花床（花托）

柱頭 ＋ 花柱 ＋ 子房
雌ずい

て「花被」，一枚一枚を「花被片」と呼びます．

　たとえば，モクレン科のある種では，がく片，花弁，雄ずい，雌ずいが別々の環として並ぶのでなく，蚊取り線香の渦巻きのように連続して周辺から中心へと，らせん状に配列しています．また，その間の形の変化も連続する傾向があります．サボテン科の場合も，多数の目立つ花被片がありますが，がくと花冠の区別はできません（「ミニ植物図鑑」のウチワサボテン（p. 63）を参照）．

　がく片は，多くの場合，緑色をしていて葉状ですが，花弁と似た色や形をしている場合もあります．単子葉植物のユリ科やアヤメ科では，がく片と花弁がよく似ていて，美しい色をもつ場合も多く，このような場合にも，これらをま

とめて「花被片」と呼びます．ただし，花被片が二環に分かれていて，両者が区別できるので，外花被片，内花被片と呼び分けます．さらに，外花被片をがく片，内花被片を花弁と呼ぶこともあります（「ミニ植物図鑑」のササユリ（p. 151）を参照）．

双子葉植物のキンポウゲ科では，がく片と花弁は二環に分かれているため，はっきり区別できますが，花弁より，むしろがく片が目立ち，花弁は蜜腺など目立たない構造体に変化している場合があります．これらもまとめて花被片と呼ばれます（4.4.3項を参照）．

タデ科やアカザ科，ヒユ科などのように，植物によっては花被片が二環に分かれず，一環しかない場合も多く見られます（「ミニ植物図鑑」のホウレンソウ（p. 87）を参照）．このような場合には，花被片は目立たないことが多く，美しい色をもたないので，「がく」と呼ぶことにしている場合もあります．このような花は「単花被」と呼ばれます．

花の構成要素の数は一定している——数性

花の構成単位（がく，花冠，雄ずい群，雌ずい群）の要素の数は，種によって一定しており，多くの場合，近縁な植物のグループ（科や属など）で共通性が見られます．

ほとんどの単子葉植物では，花の構成単位の数は3の倍数となっています．たとえばユリでは，外花被（がく）と内花被（花冠）はそれぞれ3枚ずつの花被片からなり，雄ずいは6本，雌ずいは1本ですが3つの部屋からなっています（後出の**図3.4**と「ミニ植物図鑑」のササユリ（p. 151）を参照）．したがって基本数は3であり，単子葉植物かどうかを見分ける目安の一つになります．

双子葉植物では，多くは5を基本数としていますが，2, 3, 4の基本数をもつものもあります．たとえば，アブラナ科の基本数は2で（二数性），モクレン科やクスノキ科の基本数は3です（三数性）．

このように，基本数をもつ性質のことを「数性」と呼んでいます．

花には対称性がある

多くの花には対称性があります．バラ科やキンポウゲ科に見られるように，基本的に回転対称性（一定の角度に回すと，もとの図形と重なる）をもつ場合は，「放射相称」と呼ばれます．

| ミニ植物図鑑 | 被子植物・アカザ科 |

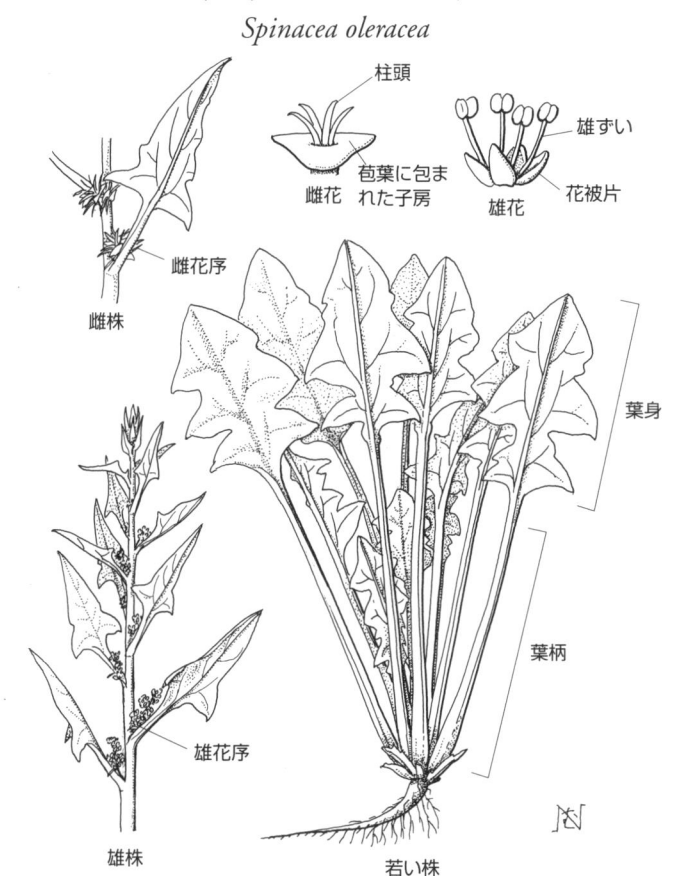

ホウレンソウ
Spinacea oleracea

柱頭
雌花
苞葉に包まれた子房
雄ずい
花被片
雄花

雌花序
雌株

葉身
葉柄

雄花序
雄株
若い株

　アルメニアからイランにかけての西アジア原産．栽培品種には，果実にとげがあり葉の切れ込みが深い東洋系の在来品種と，多くは果実にとげのない西洋系の栽培品種があります．一年草または越年草で，若いうちは茎の節間が伸びず，すべての葉を地ぎわから出しますが，成長すると茎を伸ばし，葉腋に花序をつけます．多くの場合，雄花と雌花は別の株につきます（雌雄異株）が，1つの株に雄花，雌花，両性花を3つともつける株もあります．花は単花被で，花被は緑色をして目立ちません．雌花の子房には1個の胚珠があり，2枚の苞葉に包まれます．

これに対して，シソ科やゴマノハグサ科，マメ科の花のように，母軸と苞葉の中心を結ぶ面に対して面対称（左右が鏡像関係になる）の場合は，「左右相称」と呼びます（第4章の**図4.8**，**図4.10**，**図4.11**を参照）．

花式図——構成要素の数と配列を示す模式図

　花の構成要素の配列を模式的に平面図で示したものを，「花式図(かしきず)」と呼んで，分類の手がかりにしています．**図3.4**には，単子葉植物と双子葉植物の典型的な花式図を示しました（実際には，ずっと多様な配置があり，構成単位の数も多様です．4.4節でいくつかの科を取り上げて解説します）．

　地図に方位を書き込むように，花式図では，まず花のついている母軸（花柄のついている軸）と，花を抱く苞葉（母軸についている蓋葉）との位置関係を示す必要があります．**図3.4**では，上が母軸の側で，苞葉は下側にあります．葉と同じように，花の母軸側を向軸側，苞葉の側を背軸側と呼びます．花式図によって，それぞれの花の特徴を正確に示すことができます．

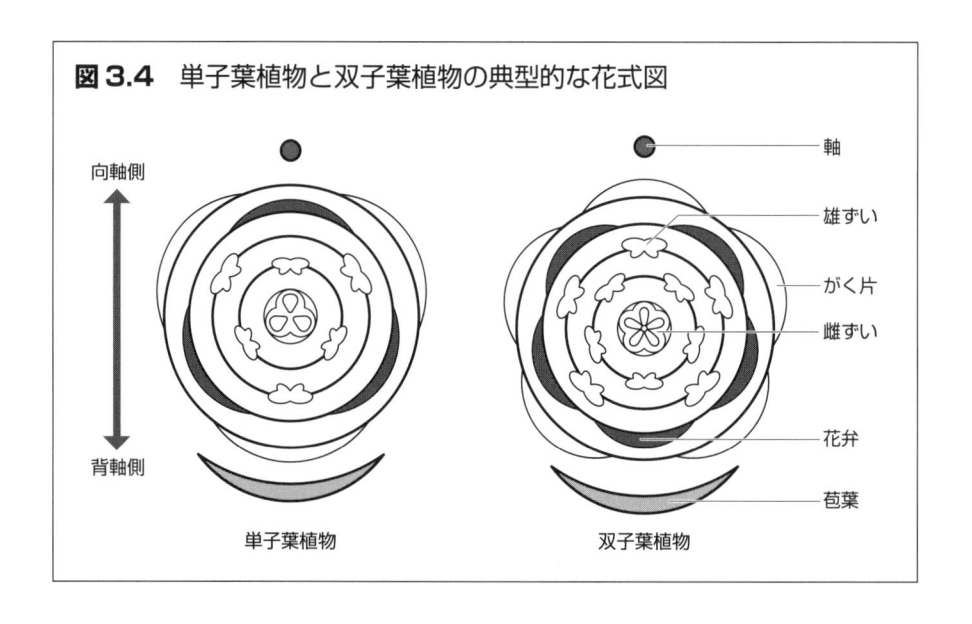

図 3.4　単子葉植物と双子葉植物の典型的な花式図

向軸側／背軸側

軸／雄ずい／がく片／雌ずい／花弁／苞葉

単子葉植物　　双子葉植物

3.2.3 花の構造の多様性

花弁の重なり方には特徴がある

　花弁の重なり方は，多くの植物の特徴となっていて，分類の指標とされています．つぼみのときに，この特徴がはっきりわかるので，植物を見分ける際に役立ちます．

　たとえば，**図3.5a**に示したように，花弁のふちが少しずつ重なりあっている場合は，「かわら重ね状（覆瓦状）」と呼びます．このうち，とくに一方向に重なっていく場合は，「片巻き状（回旋状）」(**図3.5b**) と呼び，ヒルガオ科やリンドウ科，キョウチクトウ科などに典型的に見られます．キキョウ科では，花弁のふちが重ならずに，きれいにくっつきあっていて，これは「敷石状」(**図3.5c**) と呼びます．このような花弁の重なり方を，「芽内形態」と呼ぶことがあります．

雄ずいの配列と構造——花糸と葯

　雄ずいは，数が限られている場合もありますが，バラ科やキンポウゲ科のように多数のこともあります．そして，多数がらせん状に配列する場合もあれば，ツバキのように多数の雄ずいがくっつきあって大きな環を形成する場合や，オトギリソウやビヨウヤナギ（ともにオトギリソウ科）のように雄ずいがいくつ

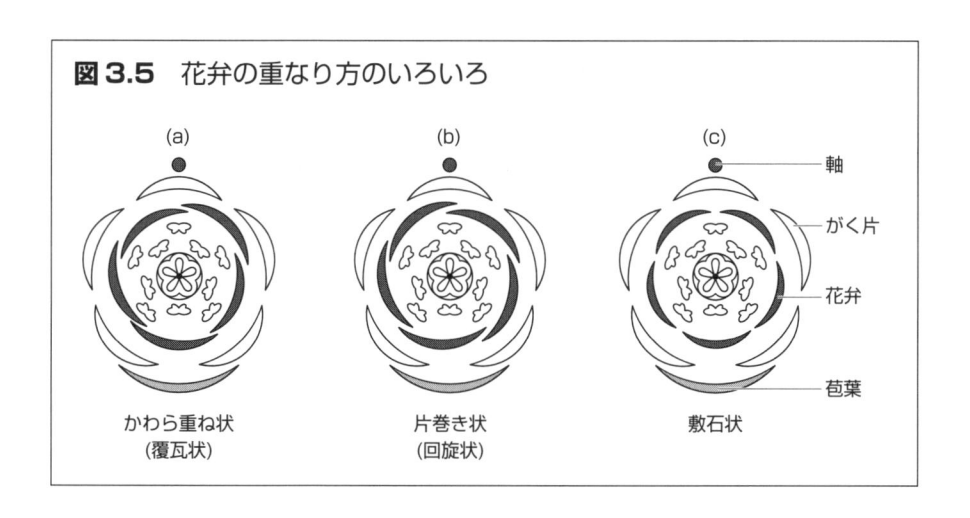

図3.5　花弁の重なり方のいろいろ

(a) かわら重ね状（覆瓦状）　(b) 片巻き状（回旋状）　(c) 敷石状

軸／がく片／花弁／苞葉

かの束を形成し，その束が環状に配列している場合もあります．雄ずいが花冠についている場合もあれば，アオイ科やラン科に見られるように雌ずいと合着している場合もあります．

雄ずいの配列は，被子植物において最も多様性の高い構造の一つで，らせん，多環，二環，一環などがあります．数性の違いだけでなく，それぞれの花弁のすぐ内側につく場合と，花弁とは互い違いにつく場合などがあります．

雄ずいは，一般には「おしべ」と呼ばれています．雄ずいには花粉を入れる袋があり，「葯」と呼びます（**図3.3**）．葯をつけている柄の部分は，「花糸」と呼びます．葯は2つの半葯と呼ばれる部分からなっていて，それぞれに葯室と呼ばれる部屋があり，その中に花粉が入っています（後出の**図3.24**を参照）．

葯からの花粉の放出のされ方にも，縦に裂ける，穴があくなど，いろいろなタイプがあり，植物の科や属を知るための手がかりになります．花粉を放出したあとは，雄ずいは多くの場合，脱落してなくなってしまいます．

雌ずいの構造——子房・花柱・柱頭

雌ずいは，一般には「めしべ」と呼ばれています．雌ずいは花が咲いたあと，花弁や雄ずいが落ちても最後まで残り，その一部（子房）は果実となります．雌ずいは，基部のほうがふくらんでいて，この部分を「子房」と呼びます（**図3.3**）．雌ずいの先端は，場合によっては長く伸びて，その先に粘液を分泌する部分があります．長く伸びた部分を「花柱」，先端の部分を「柱頭」と呼びます（**図3.3**）．

子房の内部は部屋になっており，「室」と呼びます（**図3.6**）．子房は1室のこともありますが，多くの場合，いくつかの室に分かれています（**図3.7**）．子房の外側の壁の部分を子房壁，室どうしのしきりを隔壁と呼んでいます．子房の中には，種子のもとになる「胚珠」があります．胚珠は1個のこともあれば，多数が入っていることもあります．

1つの花にある雌ずいの数は，**図3.3**では1本ですが，モクレン科（「ミニ植物図鑑」のタイサンボク（p. 139））やキンポウゲ科（第4章の**図4.4**），バラ科のように，多数からなる場合もあります．

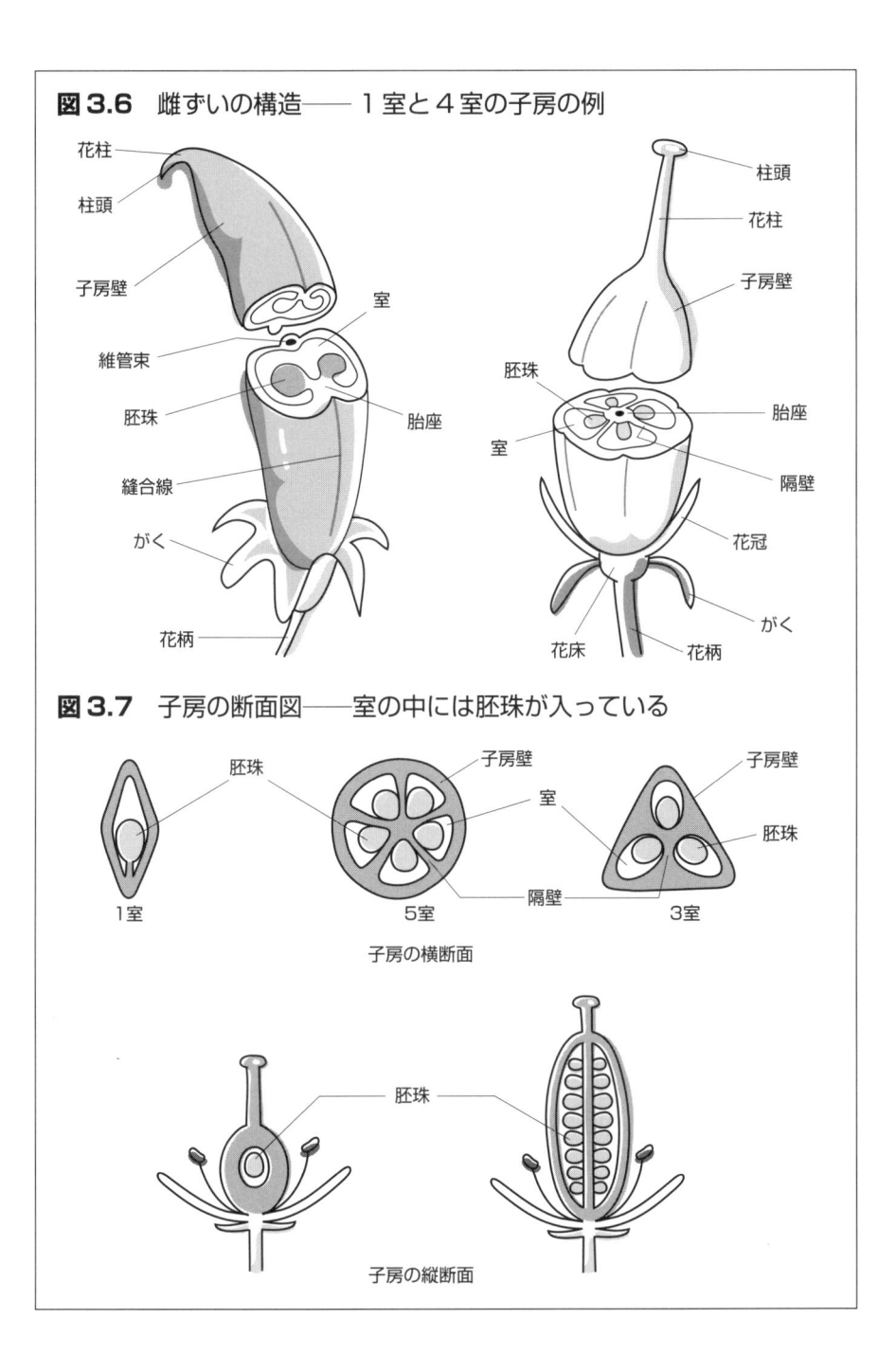

図 3.6 雌ずいの構造 ── 1 室と 4 室の子房の例

図 3.7 子房の断面図 ── 室の中には胚珠が入っている

子房の横断面

子房の縦断面

心皮——雌ずいを構成する葉

 図3.8左は，子房の横断面を示しています．この図では，子房は5つの室からなっていて，それぞれの室の子房壁には1本ずつ維管束が通っています．この維管束を葉の主脈と考えると，雌ずいの起源は葉で，子房全体は5枚の葉があわさってできたと考えることができます．こうした考え方のもとに，あわさって子房壁をつくっている一枚一枚の葉を「心皮」と呼んでいます．胚珠は心皮のふちに形成されると考えると，進化的に見て，図3.8右のような構造から，5室の子房ができたと考えることができます．

 実際，祖先的な科と見られるモクレン科やキンポウゲ科の雌ずいは多数あって，その一つ一つがこのような閉じた1枚の葉（心皮）のような構造をしています．マメ科では，このような1枚の心皮からなる雌ずいが1本だけあります．このような心皮を「離生心皮」と呼び，これに対して何枚かの心皮があわさっているものを「合生心皮」と呼びます（図3.9）．アブラナ科やウリ科，ツツジ科などの子房は合生心皮です．心皮のあわせ目を「縫合線」と呼んでいます．

 このような心皮がさらに変形して，子房内部の構造と，胚珠の数やつき方にもいろいろなタイプができ，植物を見分けるときの重要な特徴となります．子房はやがて果実に発達するので，このような子房の構造を理解しておくと，果実の構造が理解しやすくなります．

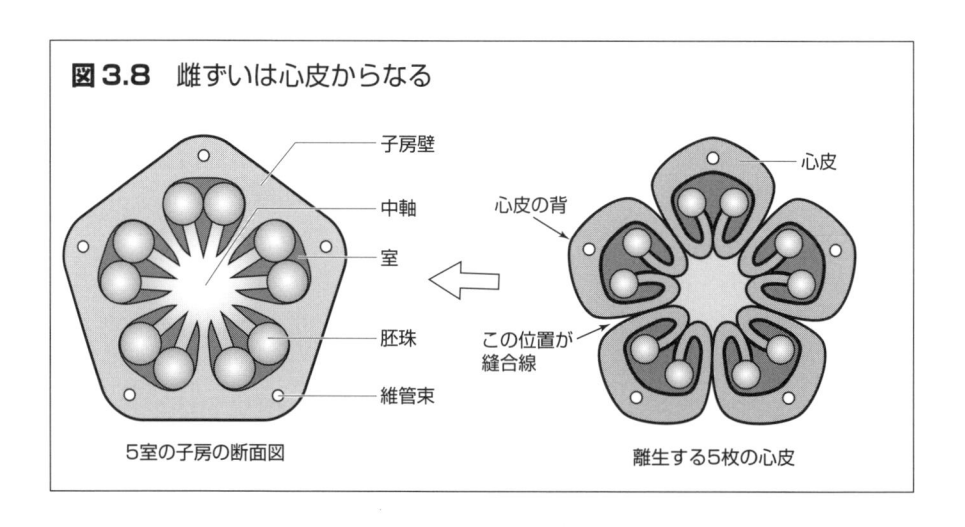

図3.8　雌ずいは心皮からなる

5室の子房の断面図（子房壁，中軸，室，胚珠，維管束）

離生する5枚の心皮（心皮，心皮の背，この位置が縫合線）

図 3.9 離生心皮と合生心皮

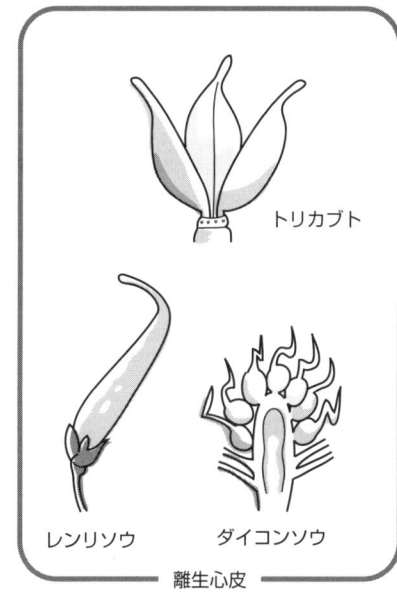

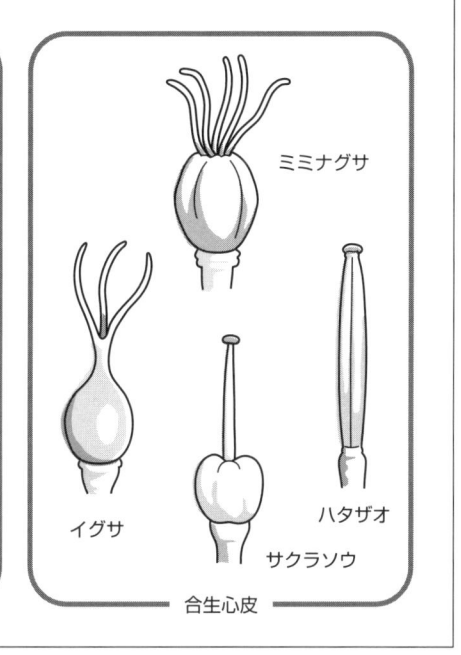

トリカブト
レンリソウ
ダイコンソウ
離生心皮

ミミナグサ
イグサ
ハタザオ
サクラソウ
合生心皮

胎座と胎座型──胚珠のつき方

　子房の内部の胚珠のついているところを「胎座」と呼びます．胚珠のつき方にはいくつかのタイプがあり，これらを「胎座型」と呼んでいます．**図3.10**に代表的な例を示しました．

　子房がはっきりといくつかの室に分かれていて，中心には縦に軸があり，そのまわりに胚珠がついているタイプを「中軸胎座」といいます（**図3.10a, e**）．ユリ科，ナス科，ツツジ科など，多くのグループに見られるタイプです．

　中心の軸や隔壁がなくなると，子房は1室になり，胚珠はそれぞれの心皮のふち，すなわち子房壁の縫合線の部分に，何カ所かに分かれてつきます（**図3.10b, f**）．図には，3枚の心皮があわさっている例を示しました．このような場合を「側膜胎座」といいます．ヤナギ科，スミレ科，リンドウ科などに見られます．

　中心に軸があり，そのまわりに胚珠がつき，隔壁だけがなくなって1室にな

図 3.10 胎座型のいろいろ

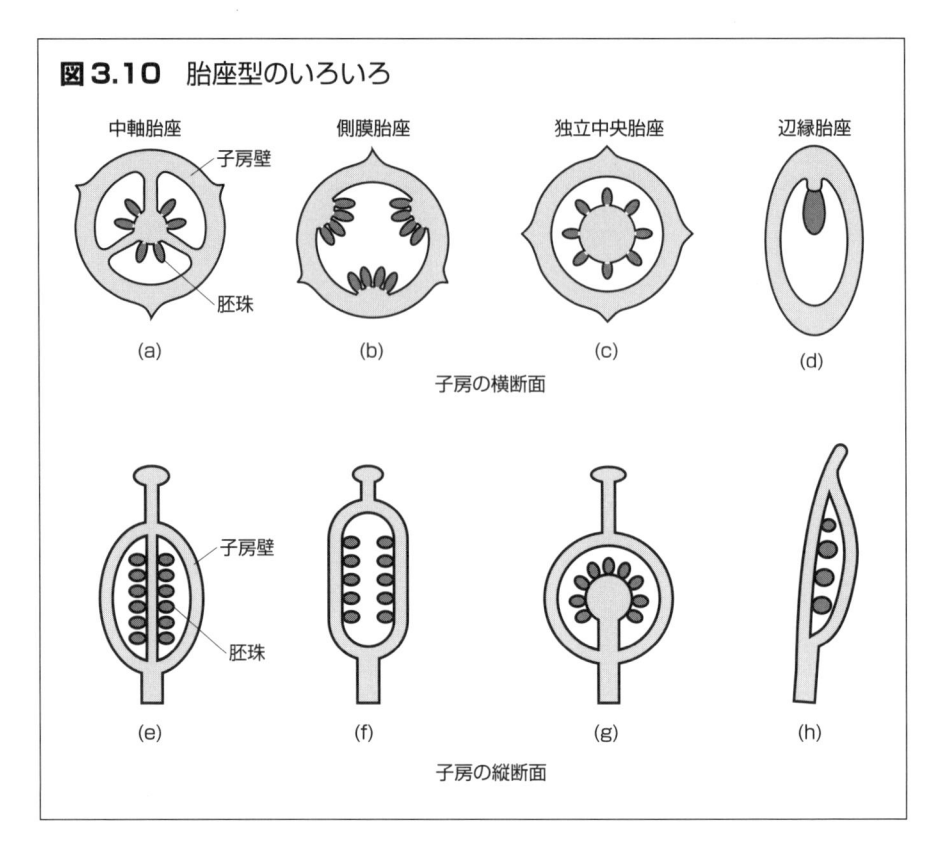

中軸胎座 — 子房壁，胚珠 (a)
側膜胎座 (b)
独立中央胎座 (c)
辺縁胎座 (d)

子房の横断面

子房壁，胚珠 (e) (f) (g) (h)

子房の縦断面

ってしまっている場合もあります．これを「独立中央胎座（特立中央胎座）」と呼びます（**図3.10c, g**）．ナデシコ科，ヒユ科，スベリヒユ科など，ナデシコ目に典型的に見られる胎座型です．

マメ科（子房は1室で，1枚の心皮からなる）の場合，さや（果実）を開いてみると，胚珠は心皮のあわせ目のところについているのがわかります．果実が熟したときにさやを割ってみると，種子は，2つに分かれたさやのふちに交互についています（「ミニ植物図鑑」のエンドウ（p. 44）を参照）．このような胎座を「辺縁胎座（縁辺胎座）」と呼びます（**図3.10d, h**）．

花における子房の位置

いろいろな花を観察して比較してみると，子房が花の下のほうについているものと，上に出っぱっているものがあることに気がつきます．**図3.3**で示した

図3.11 花における子房の位置

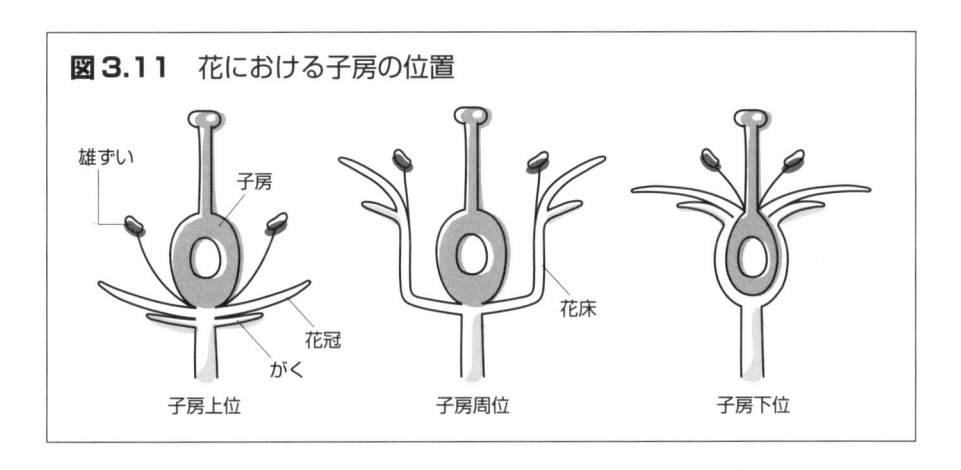

子房上位　　　子房周位　　　子房下位

ような場合には，子房はがくや花冠がついている位置よりも上についていますが，ウリ科のように子房ががくや花冠よりも下についている場合もあります（「ミニ植物図鑑」のカボチャ（p. 69）を参照）．前者を「子房上位」，後者を「子房下位」の花と呼んでいます（**図3.11**）．また，子房がくぼんだ花床の中央についていて，がくや花冠が花床のふちについている場合は「子房周位」と呼んでいます（サクラなど）．

3.3　果実と種子

　私たちがふだん「実」という言葉を使う場合には，「果実」と「種子」をあまり区別しないでこう呼んでいますが，植物学上は子房全体からできる部分を果実と呼びます．

　子房は発達してやがて果実となり，その中にある胚珠は種子となってさまざまな方法で散布され，植物の繁殖に役立ちます．子房壁に由来する部分を「果皮」といい，外側から外果皮，中果皮，内果皮にはっきりと区別できる場合もあります．種子は通常，堅い殻に覆われていて，その中で幼植物体は乾燥などから守られ，生育に不適切な季節を休眠して過ごします．

　子房以外の部分があわさって一つの果実をつくっている場合もあり，子房だけでできている「真果(しんか)」に対して「偽果(ぎか)」と呼んでいますが，一般に果実という場合には，真果と偽果の両方を含めています．「偽果」には，イチゴ（後出の

図3.13b），リンゴ（図3.13c），バラ（図3.13a）のように花床が付け加わってできるもの，ホウレンソウのように苞葉が子房を包んでできるもの（「ミニ植物図鑑」のホウレンソウ（p. 87）），キイチゴ（図3.13d）やサネカズラ（マツブサ科）のように肉質になった花床の上に複数の果実が集まって一つの果実のようになるものなどがあります．

種子は，植物体の近くに落ちてそこから芽ばえ，新しい個体をつくる場合もありますが，種子や果実に毛や翼やとげなどの付属物がついていて，風や動物などによって遠くまで運ばれてすばやく分布を広げることのできる植物もあります．種子は幼植物の生育のための栄養を含んでおり，果実は動物を引きつけるためによい味や香りをもつものが多く，これらは私たちの食物としても重要です．とくに動物は，果実を食べて種子を遠くまで運んでくれるので，種子の散布に役立ちます．

3.3.1 果実の分類

真果と偽果の区別に見られるように，果実は，その特徴やなりたちが多様なため，分類のしかたも複雑になっています．具体例を見ながら，いくつかの分類のしかたをあげてみましょう（図3.12）．

乾果と液果

乾燥しているか，水分を多く含むかによって分けています．この分類では，真果か偽果かなど，その果実のなりたちについてはわかりませんし，どんな果実もしだいに水分を失っていくのでそれほど厳密な分類ではありません．液果は目立つ色や光沢をもっていることもあり，味や香りがよいことも多く，しばしば動物によって食べられて種子が散布されます．

「液果」には，ブドウ，トマト，カキ，ホオズキ（いずれも漿果，図3.12a, g），スイカ，キュウリ，カボチャ，カラスウリ（いずれもウリ状果），ミカン（ミカン状果，図3.12o），モモ，サクラ（ともに核果，図3.12j），リンゴ（ナシ状果，後出の図3.13c），イチゴ（イチゴ状果，図3.13b）などがあります．

「乾果」には，インゲンなどのマメ類（豆果，図3.12l），シモツケ，ヤマシャクヤク，クリスマスローズ（いずれも袋果，図4.4），アサガオ，ユリ，クロタネソウ，ニゲラ・オリエンタリス，シロバナヨウシュチョウセンアサガオ，ヒナゲシ（いずれも蒴果，図3.12d, f, k, m），クレマチス，センニンソウ（とも

図3.12 いろいろな果実

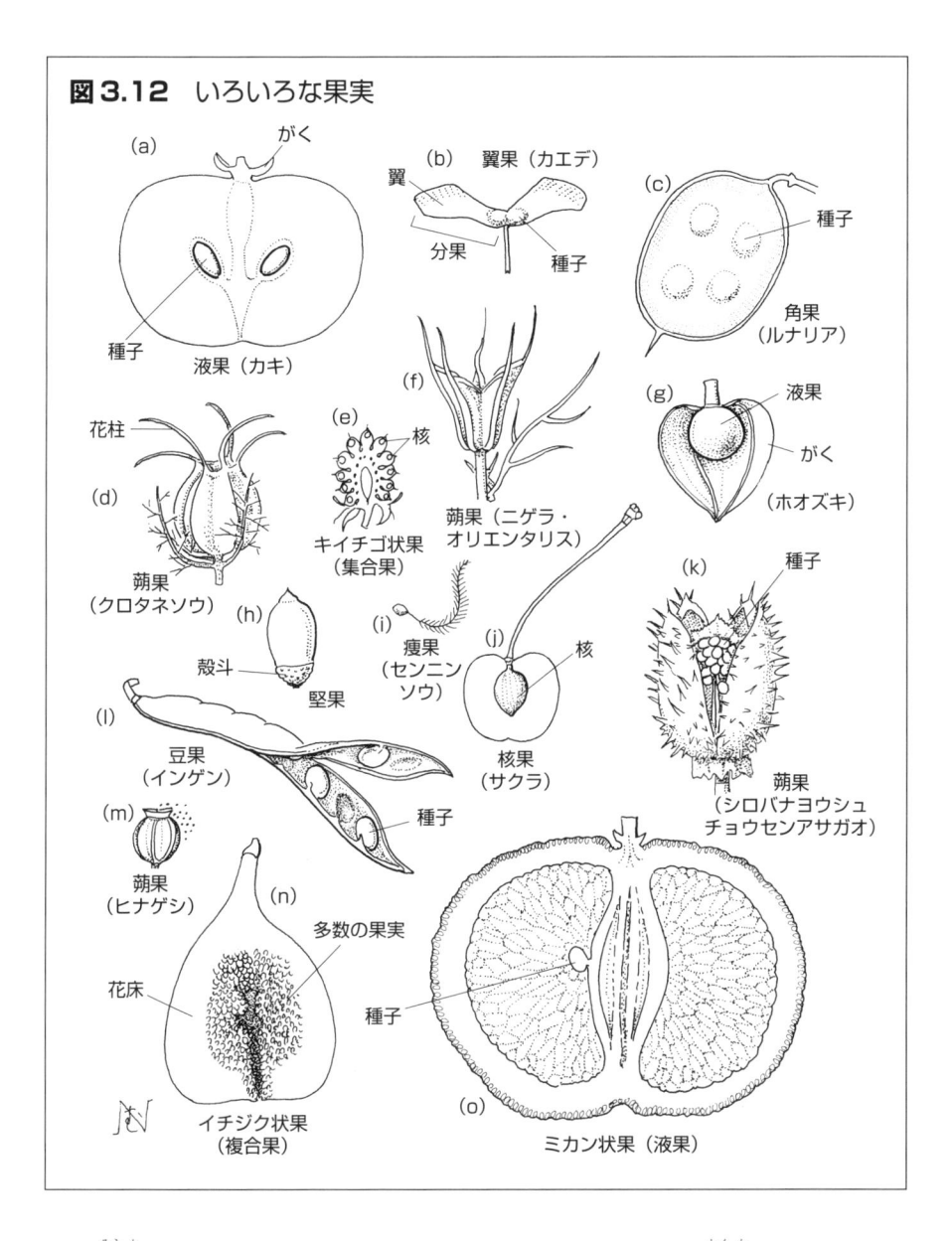

(a) がく／種子／液果（カキ）
(b) 翼／翼果（カエデ）／分果／種子
(c) 種子／角果（ルナリア）
(d) 花柱／蒴果（クロタネソウ）
(e) 核／キイチゴ状果（集合果）
(f) 蒴果（ニゲラ・オリエンタリス）
(g) 液果／がく（ホオズキ）
(h) 殻斗／堅果
(i) 痩果（センニンソウ）
(j) 核／核果（サクラ）
(k) 種子／蒴果（シロバナヨウシュチョウセンアサガオ）
(l) 豆果（インゲン）／種子
(m) 蒴果（ヒナゲシ）
(n) 多数の果実／花床／イチジク状果（複合果）
(o) 種子／ミカン状果（液果）

に痩果，**図3.12i**），ナズナ，ルナリア，アブラナ（いずれも角果，**図3.12c**，**図4.7**），ニレ，カエデ（ともに翼果，**図3.12b**），クリ，コナラ，シイ，クヌギなどのいわゆるドングリ（堅果，**図3.12h**）などがあります．

閉果と裂開果，分離果

　乾果の多くは，乾燥するにつれて果皮が裂けやすくなります．決まった場所で裂けることも多くあります．熟したとき，果皮が裂けて中から種子を出すものを「裂開果」，割れずに果皮ごと散布されるものを「閉果」または「非裂開果」と呼びます．非裂開果は一般に種子を1個だけ含みます．

　センニンソウ（痩果，図3.12i）やカエデ（翼果，図3.12b），コナラ，シイなどのいわゆるドングリ（堅果，図3.12h）は，非裂開性で，そのまま風や動物に運ばれて散布されます．裂開性の果実には，アサガオ，ユリ，シロバナヨウシュチョウセンアサガオ（いずれも蒴果，図3.12k, m），ヤマシャクヤク，クリスマスローズ（ともに袋果，図4.4），インゲン（豆果，図3.12l），アブラナ（角果，図4.7）などがあります．

　一つの果実が成熟するにつれて，いくつかの独立した部分に分かれていく場合もあり，「分離果」と呼びます．分かれた一つ一つの部分は「分果」と呼びます．たとえば，カエデの果実（図3.12b）は，2つの分果に分かれます．マメ科のヌスビトハギ，オジギソウ，モダマなどは果実が種子を1個含むようにいくつかの部分にくびれ，あとでそれぞれが分離します（節果）．あとになって裂けて種子を放出する分果もあれば，裂けずにそのまま散布される分果もあります．アオギリでは，成熟するにつれて雌ずいが縦に割れて，もともと合着していた5枚の心皮は縫合線にそって開いていき，種子はそれぞれのボートのような形の心皮のふちにつきます．

単果と集合果，複合果

　ただ一つの子房からできているか（単果），全体が多数の子房からできているかによって分けています．

　「単果」には，トマト，カキ（図3.12a），ミカン（図3.12o），カボチャ，キュウリ，ナス，ホオズキ（図3.12g），リンゴ（後出の図3.13c），モモ，サクラ（図3.12j）などの液果もあれば，アブラナ，ルナリア（図3.12c），クヌギ，コナラ（図3.12h），シロバナヨウシュチョウセンアサガオ（図3.12k），インゲン（図3.12l），ヒナゲシ（図3.12m）などの乾果もあります．

　イチゴ（図3.13b）やキイチゴ（図3.12e，図3.13d）などは，もともと多数の雌ずいをもち，これらが集まって一つの果実を形成するため，「集合果」と呼

びます.

　多数の花が集合して果実を形成するイチジクのような場合には，一つの花の多数の子房からできる集合果と区別して，「複合果」という用語を使います.「複合果」には，肉質になった花床（総花柄）がくぼんで中に多数の花を包み込むようになるイチジク状果（**図3.12n**），穂状花序全体からできるパイナップル（苞葉の基部と各花の子房が合着する），頭状花序全体からできるヤマボウシ（液果が集合して全体が球状になる）などがあります.

3.3.2　果実の特徴

　果実のなりたちや特徴に注目して，いくつかの特徴的な果実には，それぞれ名前がついています．主なものを以下にあげます.

痩果──種子を1つ含む果皮の薄い果実

　キンポウゲ科のセンニンソウやキク科のタンポポでは，果実の中に種子が1個だけ含まれ，ごく薄い果皮に覆われていて，種子とあまり区別がつきません．このような果実を「痩果（そうか）」と呼んでいます．私たちはこのような果実は「たね」と呼んでしまいますが，これは果実です．痩果は，一般に軽くて，タンポポやセンニンソウ（**図3.12i**）のように，毛があることも多く，風で散布されやすくなっていることも珍しくありませんが，多数が集まって集合果となっていることもあります（後出の**図3.13a, b**，**図4.4**）.

　なお，厳密には1枚の心皮からなるものだけを痩果と呼び，キク科のような合生心皮からなる果実は菊果（きくか）（下位痩果）と呼んで区別することもあります.

袋果──1枚の心皮からなり縫合線で裂ける

　ヤマシャクヤク（ボタン科）やクリスマスローズ（キンポウゲ科，**図4.4**）などは，心皮が離生していて（つまり，1枚の心皮が1本の雌ずいとなっている），その一つ一つが果実になると乾果になり，のちに心皮は縫合線から裂けて種子を放出します．このような果実は，一つ一つの心皮を，種子を入れた袋に見立てて，「袋果（たいか）」と呼びます．なお，縫合線で裂けずに，心皮の背側（心皮の中央）に沿って裂ける場合も袋果に含めます（「ミニ植物図鑑」のタイサンボク（p. 139）を参照）.

蒴果──複数の心皮からなる裂開果

　キンポウゲ科のクロタネソウのように，袋果とは対照的に，心皮がくっつきあって一つの果実をつくっている場合があります（図3.12d, f）．このように一つの花の心皮がくっつきあって全体で一つの乾果をつくる場合，これを「蒴果」と呼びます．

　蒴果はとても多様で，その裂け方，種子の飛ばし方にはいろいろな方式があります．わきから裂ける場合（ナス科のシロバナヨウシュチョウセンアサガオ，図3.12k），穴があく場合（ケシ科のヒナゲシ，図3.12m），横に裂けてふたがとれるように上部が外れる場合（スベリヒユ科のマツバボタン），不規則に裂けるものもあれば，裂けた一片が反り返って種子を飛ばすしかけをもつもの（ツリフネソウ科のホウセンカ，ケシ科のムラサキケマン）もあります．わきから裂ける場合でも，縫合線にそって裂ける場合（アサガオ），心皮の中央で裂ける場合（ユリ）など，果実の裂開のしかたによってもいくつかに分類されています．

　合生心皮の雌ずいが乾果をつくる場合には，ほとんどが蒴果になります．離生心皮があとから合着して蒴果になる場合もあります．

核果──内果皮が堅くなった液果

　液果のうち，内果皮（子房壁に由来する果皮のいちばん内側の層）が堅くなり（核），その中に種子を含むものを「核果（石果）」といいます（図3.12j）．核のことを一般には「たね」と呼んでいますが，種子ではありません．種子は核の中にあります（仁と呼ぶことがある）．ウメやサクラの果実がこれにあたります．核を形成しない液果を核果と区別していうときには「漿果」という用語を使います．キイチゴ状果は，多数の核果が集まってできる集合果です（図3.12e，図3.13d）．

堅果──堅い殻に包まれたドングリ

　シイ，カシ，クリなど，ブナ科の果実（ふつうドングリと総称）は裂開しない堅い殻（木質化した果皮）に覆われていて，基部には殻斗と呼ばれる構造（ドングリの帽子，総苞にあたる）があります．このようなブナ科に特有の果実を「堅果」と呼びます（図3.12h，「ミニ植物図鑑」のクリ（p.135））．

翼果──風にのって飛んでいく

　カエデ（カエデ科）やニレ（ニレ科）などの果実は，果皮が大きく張り出していて，風を受けて遠くまで飛ぶのに役立ちます．このような構造を翼と呼び，翼をもつ果実を「翼果」と呼びます（**図3.12b**）．なお，果皮以外の部分（苞葉など）が翼になって，果実を飛ばすのに役立つこともあります（ツクバネ）．

豆果──1枚の心皮からなり2つの線に沿って裂ける

　マメ科は花の構造はいろいろですが，さやの中にマメ（種子）が規則正しく並んだよく似た果実をつけます．これは，1枚の心皮からなる1室の子房の辺縁胎座に胚珠が規則正しく並んでついているためで，これがそのまま成長して果実になります．心皮の中央（背側）と縫合線の両側で裂けて2つの部分に分かれます．マメ科特有のこのような果実を「豆果」と呼びます（**図3.12l**，**図4.8**）．

角果──2枚の心皮からなる2室の裂開果

　アブラナ科（ナズナ，ルナリア，アブラナなど）も，この科に特有の「角果」と呼ばれる果実をもっています（**図3.12c**，**図4.7**）．2枚の心皮からなる雌ずいには，胚珠が辺縁胎座についていて，子房は隔壁によって2室にしきられています．あとで子房壁がこの隔壁から離れて果実が開き，種子が放出され，隔壁は最後まで残ります．角果のうち，アブラナのように細長いものを長角果，ナズナのように短いものを短角果と呼び分けています．

穎果──イネ科特有の穎に包まれた果実

　イネ科の果実は，1個の種子が「穎」と呼ばれる一種の葉（苞葉）に包まれていて，「穎果」と呼ばれます（4.4.12項，**図4.12**，「ミニ植物図鑑」のイネ（p.59）を参照）．私たちがもみがらと呼んでいるものが穎にあたります．イネの果実の場合は，内穎と外穎と呼ばれる2枚の穎に包まれています．

3.3.3　バラ科の多様な果実

　バラ科の植物は，多様な果実を形成します（**図3.13**）．バラ科の花では，花床が発達していることが多く，雌ずいの数は多様です．
　イチゴやキイチゴでは，ふくらんだ花床のまわりに多数の雌ずいがついてい

図 3.13 バラ科の果実

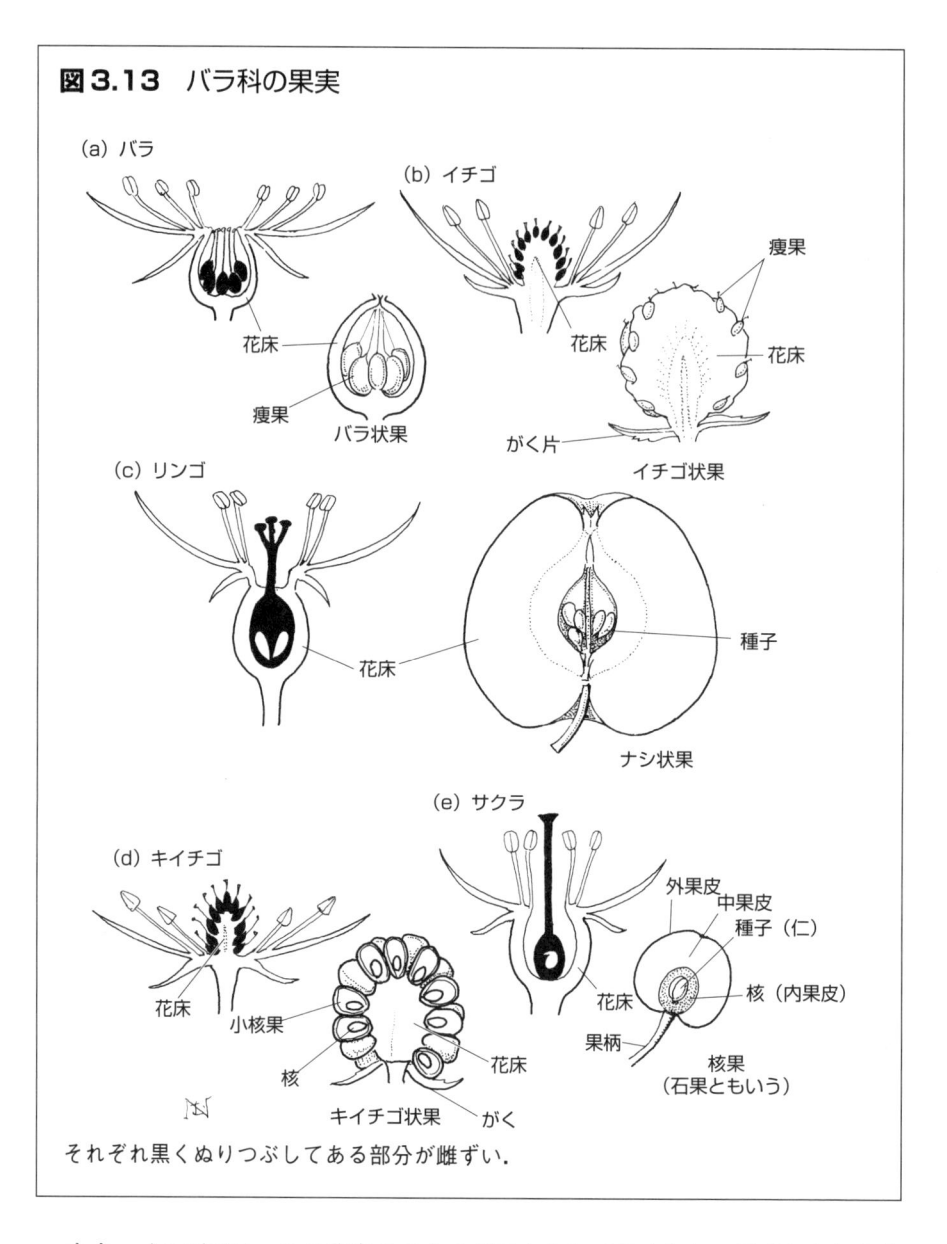

(a) バラ
花床／痩果／バラ状果

(b) イチゴ
痩果／花床／がく片／イチゴ状果

(c) リンゴ
花床／種子／ナシ状果

(d) キイチゴ
花床／小核果／核／花床／キイチゴ状果／がく

(e) サクラ
花床／外果皮／中果皮／種子（仁）／核（内果皮）／果柄／核果（石果ともいう）

それぞれ黒くぬりつぶしてある部分が雌ずい．

ます．イチゴでは，この花床そのものが巨大化して甘くなり，果実となりますが，子房は肥大せず，一つ一つが痩果になります．つまり，この「イチゴ状果」は，ふくらんだ花床のまわりに多数の痩果がつく偽果です（**図 3.13b**）．

これに対して，キイチゴの場合には，花床はあまり発達しません．そのかわりに，子房が肥大して液果に発達します（**図3.13d**）．この液果の一つ一つの内果皮が堅くなり，核果（これ自体は真果）を形成します．つまり，「キイチゴ状果」は，多数の核果が集まった集合果です．このように，集合果を形づくる一つの子房由来の核果を「小核果」と呼びます．

バラも多数の雌ずいをもっています．雌ずいは発達した花床に包まれていて，この花床が肥大して，中に多数の痩果を包みこむ偽果を形成します（**図3.13a**）．これを「バラ状果」と呼びます．

リンゴやナシでは，花床が子房を包み込んでいます．花床と子房は合体してしまって一つの果実をつくり，中心に種子があります（**図3.13c**）．これも子房以外の部分が付け加わっているので偽果で，「ナシ状果」と呼ばれます．

ウメやサクラ，モモなどは，雌ずいがもともと少なく，1本から2本しかありません．発達する雌ずいは1本だけで，中にある胚珠の数も少なく，1個だけが発達し，さきに述べた「核果」（真果）を形成します（**図3.13e**）．

3.3.4　種子の構造と発芽

種子は，幼植物体（胚）とその生育に必要な養分（胚乳）とをそなえ，胚を乾燥や動物から保護するため，堅い皮（種皮）で覆われています．さらにそのまわりにとげや毛をもつものもあります．また，ツルウメモドキ（ニシキギ科）に見られるように，胚珠以外の部分（珠柄や胎座など）に由来する仮種皮（種衣）と呼ばれる構造が，種子を覆っていることもあります．

胚乳──内乳と周乳

胚の養分となる「胚乳」はややあいまいな概念で，厳密に組織をさす言葉としては，胚嚢に由来する「内乳」と，胚嚢以外の珠心に由来する「周乳」という言葉が使われます（後出の**図3.23**を参照）．

イネやコムギ，トウモロコシなどのイネ科の植物は，内乳に多量のデンプンを蓄えます（**図3.14左下**）．私たちはこれらを穀物として食料にしています．スイレン科やコショウ科やナデシコ科の植物では，周乳に養分が蓄えられます．

マメ科の植物では，胚そのものが養分を蓄えているので，胚乳はありません．クリやマメの食用になる部分は2枚の子葉で，そのため2つに割れます（**図3.14右上**）．このような種子を「無胚乳種子」と呼んでいます．

胚乳がほとんどない植物の中には，胚が葉緑体をもっていて，最初から光合成ができるような植物もあります．また，ランのように菌類と共生して，幼植物は菌類から栄養をもらって生活する場合（菌栄養）もあります．

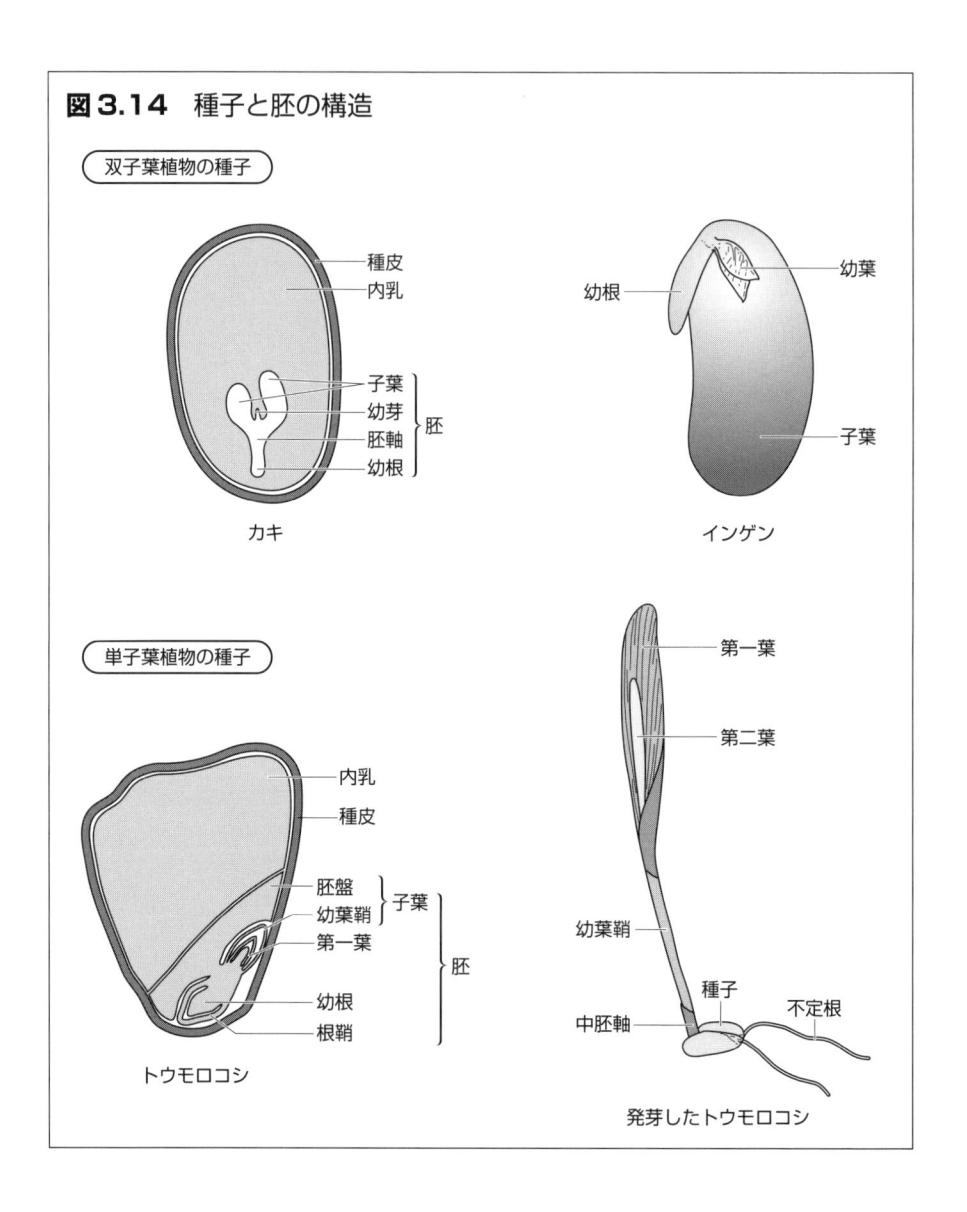

図3.14　種子と胚の構造

双子葉植物の種子

カキ：種皮，内乳，子葉・幼芽・胚軸・幼根（胚）

インゲン：幼根，幼葉，子葉

単子葉植物の種子

トウモロコシ：内乳，種皮，胚盤・幼葉鞘（子葉），第一葉，幼根，根鞘（胚）

発芽したトウモロコシ：第一葉，第二葉，幼葉鞘，種子，中胚軸，不定根

双子葉植物の発芽

　双子葉植物では，種子が発芽するときには，ふつうは2枚の子葉がまず地上に出て開き，やがて普通葉が出てきます（**図3.15**）．子葉は図のように地上に出て光合成をする場合もありますが，地中にとどまって蓄えた養分を供給するだけで，地上に出ない場合もあります（ダイズなど）．

　子葉よりも下の軸の部分は「胚軸」と呼んで，子葉から上に伸びる茎とは区別します（子葉のすぐ上の茎の部分を「上胚軸」と呼び，これに対応させて，子葉より下の部分を「下胚軸」と呼ぶこともあります．しかし，胚軸は茎と対立させて用いる概念なので，子葉から下の部分は単に「胚軸」と呼んだほうがよいでしょう）．

　双子葉植物では，その名のとおり，子葉は2枚が対になってできるのがふつうですが，1枚の場合（ニリンソウ，ムシトリスミレ）や多数の場合（トベラ）など例外もあります．裸子植物では2枚のものも多く見られますが（コウヤマキなど），クロマツのように多数の子葉をもつものがあります．

図3.15 双子葉植物の種子の発芽

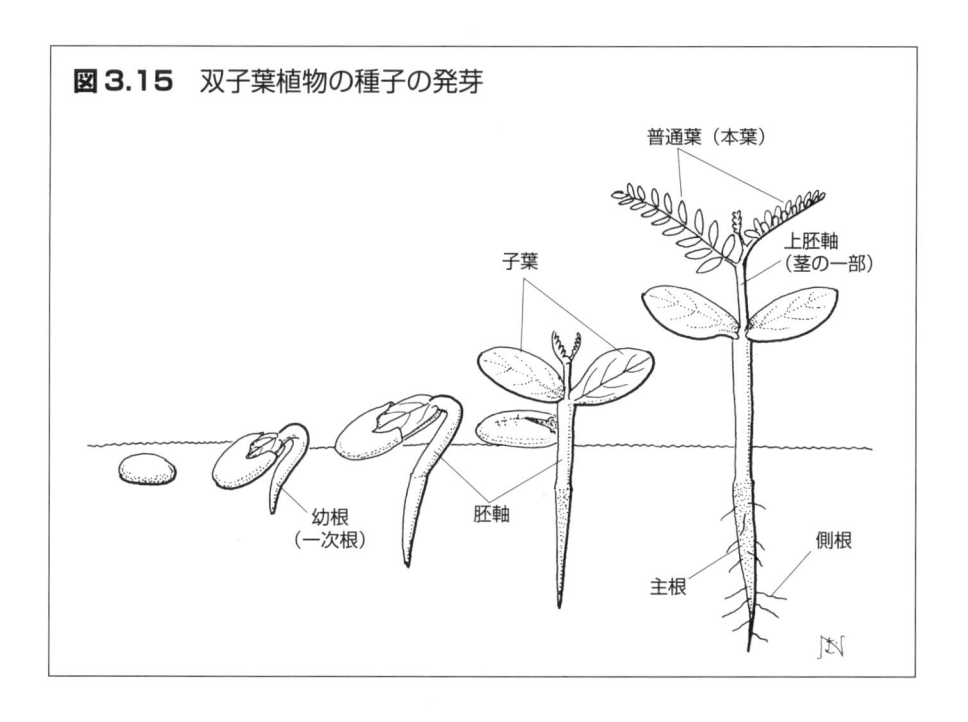

単子葉植物の発芽

　一般に単子葉植物では，子葉は双子葉植物のようにはっきりしたものではなく，多くの場合，種子の中にとどまったままで外には出ず，胚乳から養分を吸収する部分と，幼芽を保護する部分，その間をつなぐ部分の3つの部分が子葉にあたると解釈されています．

　イネ科植物（トウモロコシ，コムギ，イネなど）では，**図3.14左下**のように，子葉は「幼葉鞘（または子葉鞘）」と呼ばれて第一葉（普通葉）を包む部分と，「胚盤」と呼ばれる胚乳から養分を吸収する部分，その間の部分からなっているとする説が有力です．発芽したあとに幼葉鞘の付け根の部分が伸び，この部分を「中胚軸」と呼んでいます（**図3.14右下**）．

　ネギやニラなどのように，子葉が種皮を持ち上げながら地上に出て緑色になり，光合成を行う場合もあります．

3.4　陸上植物の生活史――生殖の過程

　陸上植物には，種子植物（裸子植物と被子植物）のほかに，コケ植物とシダ植物があります．これらはすべて緑藻類から進化したと考えられ，生活史の基本的部分がかなり共通しています．

3.4.1　シダ植物の生活史

　まずはじめに，胞子で増えるシダ植物の生活史を見てみましょう（**図3.16**）．シダ植物の特徴は，花を咲かせるかわりに，葉の裏に胞子をつけることです．

シダは胞子で増える

　シダの葉を裏返してみると，虫の卵のような丸い形のものや，線状の構造が見られます．これは「胞子嚢群（ソーラス）」と呼ばれ，包膜と呼ばれる膜（ないこともある）の中に胞子を入れた袋（胞子嚢）が多数入っていて，それが破れて中から胞子が放出されます．

　胞子は減数分裂（後述）によってつくられるので，染色体の数は親植物（$2n$）の半数（n）になっています．胞子は小さくて，乾燥に強く，風にのって遠く

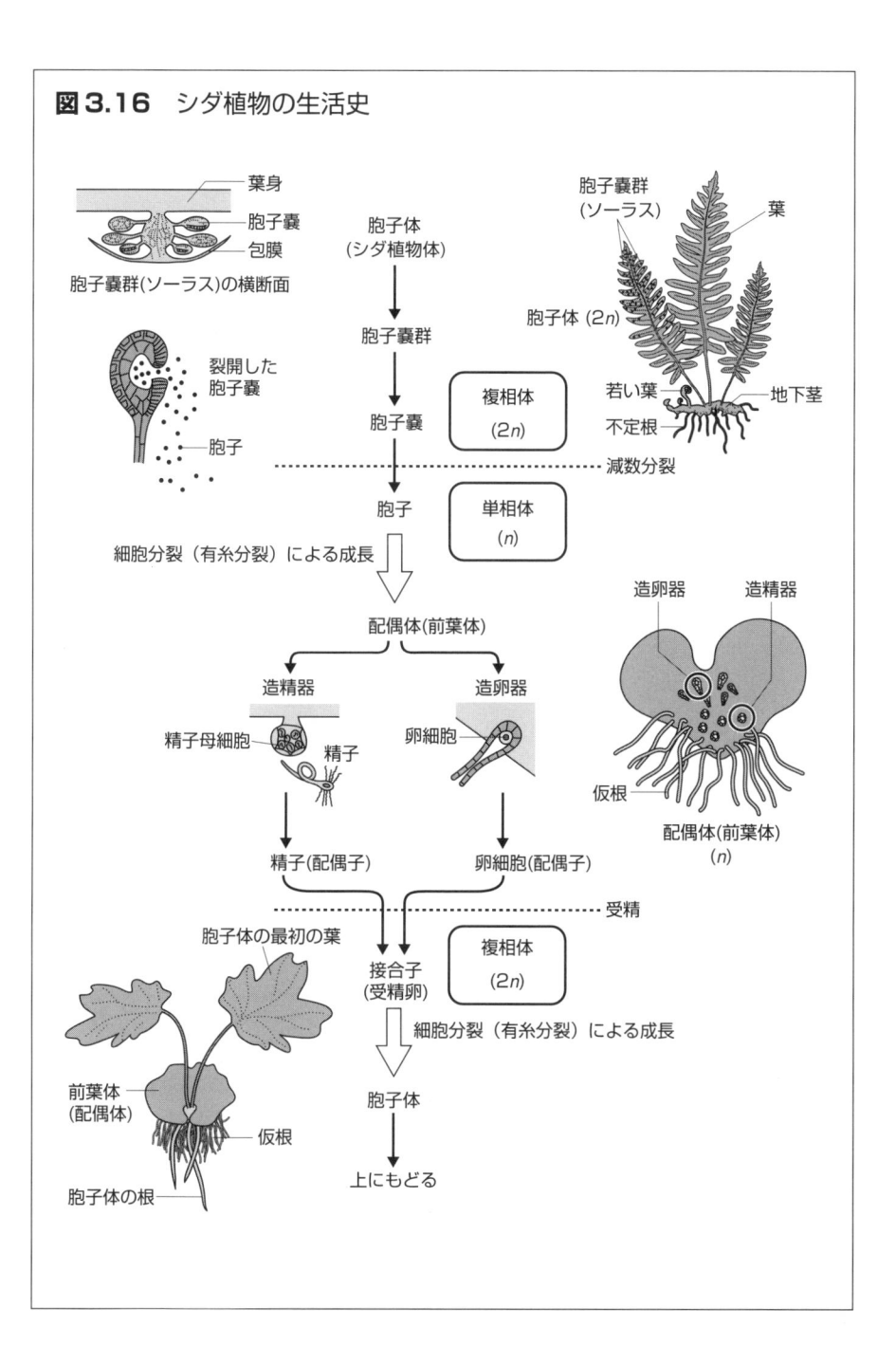

図3.16 シダ植物の生活史

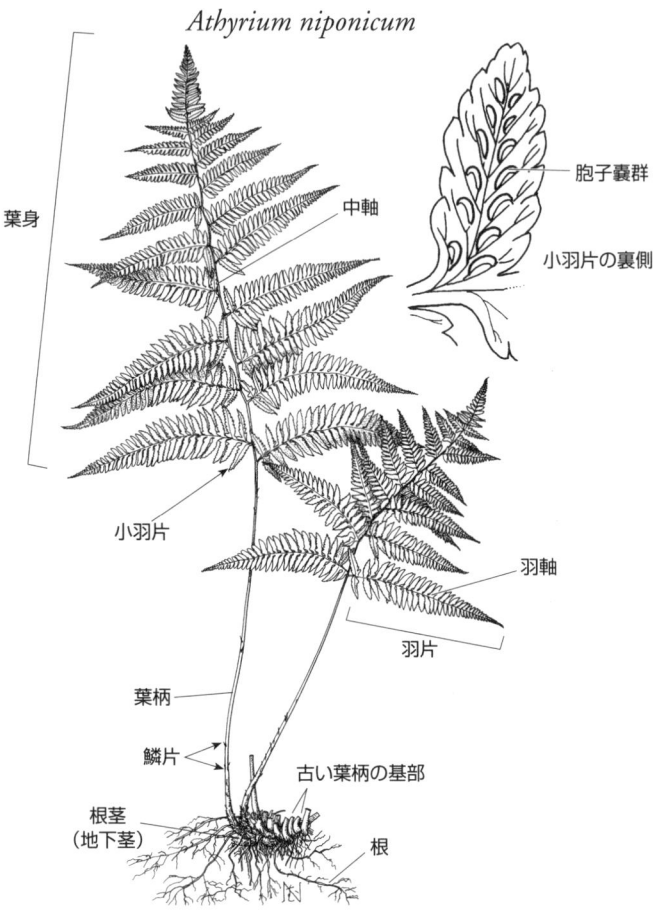

ミニ植物図鑑　シダ植物・イワデンダ科

イヌワラビ
Athyrium niponicum

（図の注記：葉身、中軸、胞子嚢群、小羽片の裏側、小羽片、羽軸、羽片、葉柄、鱗片、古い葉柄の基部、根茎（地下茎）、根）

　中国，朝鮮半島，日本に分布していて，都会の道端にも林縁にもよく見られます．春から夏に葉を出して，冬には枯れます．径3 mmほどの根茎が地中を横にはい，まばらに鱗片をつけ，葉を地上に出します．葉柄と中軸，羽軸は紅紫色を帯びます．葉身は大きさと形の変異が大きく，長さ20〜50 cmあり，二回羽状複葉で，葉の裏につく胞子嚢群（ソーラス）には包膜があり，形は三日月形，かぎ形など変異があります．ワラビに近縁というわけではなく，イヌワラビは「食べられない（役に立たない）シダ」という意味です．

まで運ばれます．つまり，胞子はシダ植物の繁殖のために重要な役割を果たしています．

胞子から前葉体がつくられ，配偶子が生じて受精する

放出された胞子（n）は，生育に適した湿り気のある場所にたどりつくと，発芽して細胞分裂（有糸分裂）を繰り返し，「前葉体」（配偶体，n）と呼ばれる小さな体をつくります．前葉体は，仮根と呼ばれる構造を出して，水分を吸収します．前葉体の葉状の部分は緑色で，光合成をして養分をつくり，単独生活することができます．

前葉体（n）にはやがて，「造卵器」と「造精器」が形成され，それぞれの中に卵細胞（n）と精子（n）ができます．精子はやがて水中を泳いで卵細胞に達し，受精が行われ，受精卵（$n+n=2n$）となります．

卵細胞と精子は「配偶子」と呼ばれ，配偶子が結合してできる受精卵は「接合子」と呼ばれます．接合子は細胞分裂（有糸分裂）を繰り返して，それをもとに胞子をつくることのできるシダ植物体（胞子体，$2n$）が形成されます．

胞子体と配偶体は染色体数が違う

以上のようなシダの生活史で，胞子をつくる親植物の世代を「胞子体」，卵細胞や精子のような配偶子をつくる前葉体の世代を「配偶体」と呼んでいます．胞子体は配偶体の2倍の数の染色体をもっています．そこで，胞子体の染色体数を$2n$，配偶体の染色体数をnで表し，これを「核相」と呼びます．核相$2n$の植物体を一般に複相体（二倍体），nの植物体を単相体（一倍体）と呼んでいます．

シダの生活史では，無性生殖の胞子体世代と有性生殖の配偶体世代は交互に繰り返され（世代交代），核相$2n$と核相nの世代がそれにともなって繰り返されていきます．配偶体は完全な単独生活ができますが，胞子体はその発生初期には配偶体に依存して生活しています．

3.4.2　コケ植物の生活史

シダ植物と同様に湿り気の多い場所を好んで生えるコケ植物は，どのような生活史をもっているのでしょうか．

ふだん目にするコケは単相体

シダ植物とは違い，私たちがふだん見るコケ植物の植物体は配偶体世代で，核相はnです．つまり，シダ植物の前葉体にあたる核相（単相）です．この植物体は，胞子が発芽してできたものなのです．

図3.17にスギゴケのなかま（セン類）を例に示しました．胞子（n）が発芽

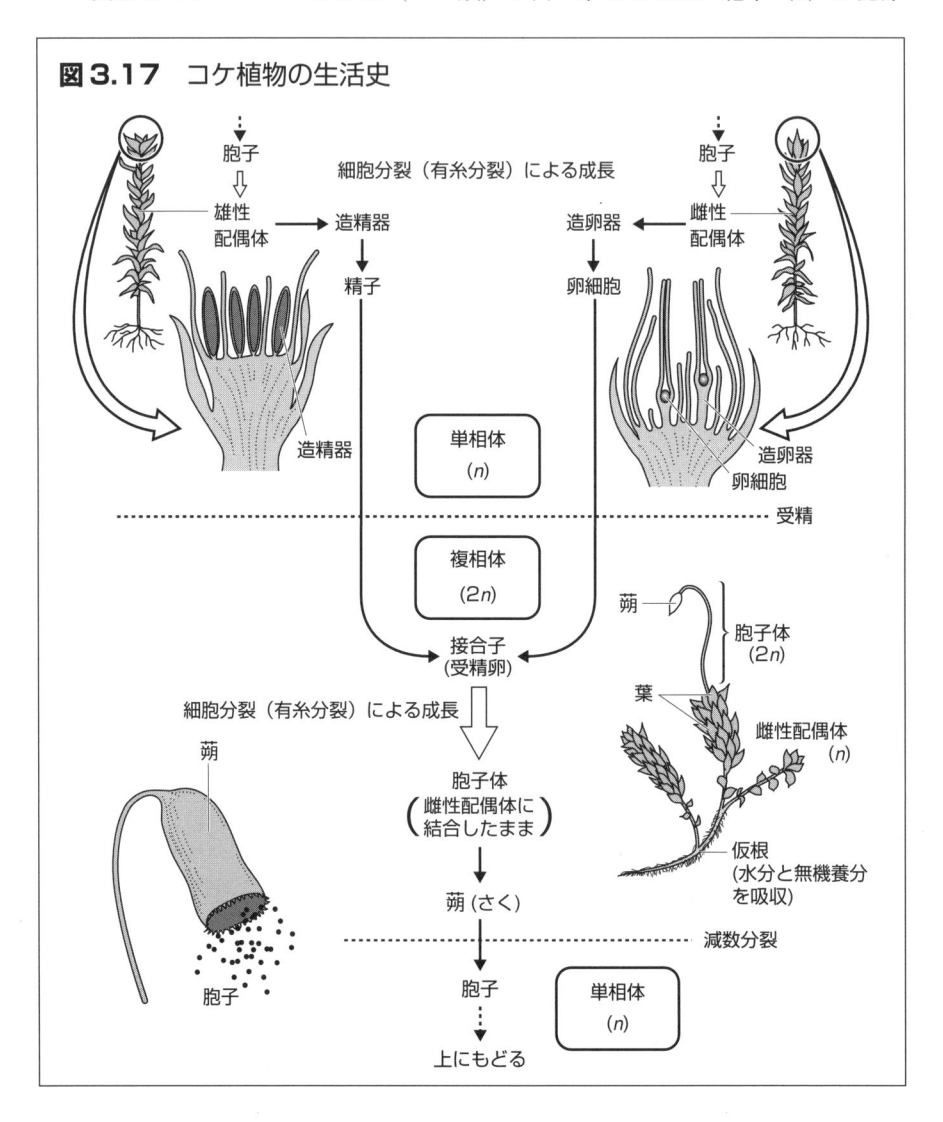

図3.17 コケ植物の生活史

| ミニ植物図鑑 | コケ植物・ゼニゴケ科 |

ゼニゴケ
Marchantia polymorpha

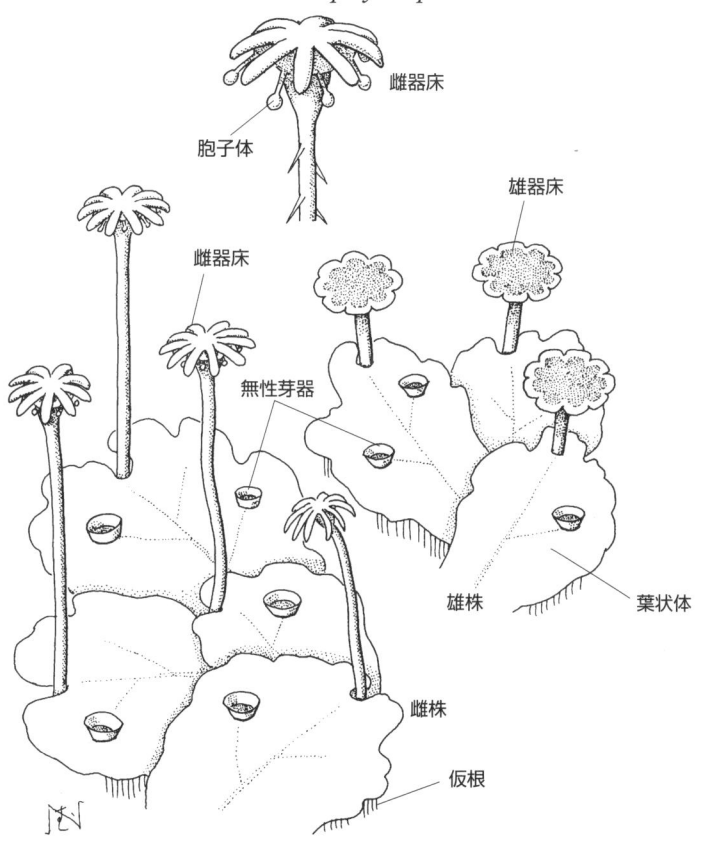

（図：雌器床、胞子体、雌器床、無性芽器、雄器床、雄株、葉状体、雌株、仮根）

　世界中に分布していて，家のまわりなどにも生えています．コケ植物には，セン類（蘚類）とタイ類（苔類），ツノゴケ類があります．ゼニゴケはタイ類の一種で，その配偶体は葉状体と呼ばれ，裏に仮根があります．葉状体には雄株と雌株があって，雌器床はかさ状で3～6cmの柄があり，そこから熟した胞子体がぶら下がり，先が破れて，中から胞子を飛ばします．雄器床は，柄が短く水盤状で，上に水がたまります．葉状体の上に，杯状の無性芽器をつけ，その中に無性芽（むかご）ができます．これが靴の裏などについて運ばれて増えるので，強い繁殖力をもちます．

して細胞分裂を繰り返した結果，スギゴケの植物体が形成されます．この植物体（配偶体，n）は，たくさんの小さな葉と仮根をもっていて，単独生活し，枝分かれを繰り返しながら，地面や岩の上にマット状に広がっています．

コケ植物の配偶体には雄と雌がある

スギゴケの配偶体には雄と雌があって，雄性配偶体と雌性配偶体と呼ばれています．やがて，雄性配偶体と雌性配偶体それぞれの枝の先端に造精器と造卵器ができて，それぞれ精子と卵細胞（ともに配偶子）がつくられます．そして，精子は水中を泳いで卵細胞まで達し，受精によって接合子（$2n$）が形成されます．

コケ植物の胞子体は雌性配偶体に結合している

受精卵（$2n$）は葉緑体をもたず，単独生活はまったくできず，細胞分裂（有糸分裂）を繰り返して胞子体として成長し，先端に「蒴」と呼ばれる特別な構造をつくります．蒴の中では，減数分裂によって胞子（n）が形成されます．やがて，蒴から胞子が放出されて，風によって遠くまで運ばれます．蒴は最後まで，雌性配偶体に結合したままです．

コケ植物では，このように胞子体は単独生活することはできず，完全に配偶体に寄生生活します．

3.4.3 被子植物の生活史

さて，いよいよ最も複雑な被子植物の生活史です．まず，被子植物の花で行われる花粉の形成と，受粉のしくみから見てみましょう．

花粉の形成と受粉

被子植物で花粉ができる過程では，シダ植物やコケ植物で胞子ができるときにも起きた，「減数分裂」と呼ばれる，通常の細胞分裂とは異なる細胞分裂が起こります．通常の植物の体で起きている「有糸分裂」を図3.18に示します．もとの細胞の染色体が複製されて2組でき，もとの細胞とまったく同じ遺伝子をもった細胞が複製されます．

有糸分裂と比較すると，減数分裂では，染色体の数が半分に減る過程があります．図3.19のように，二価染色体が分かれて移動するときに，染色体の数は

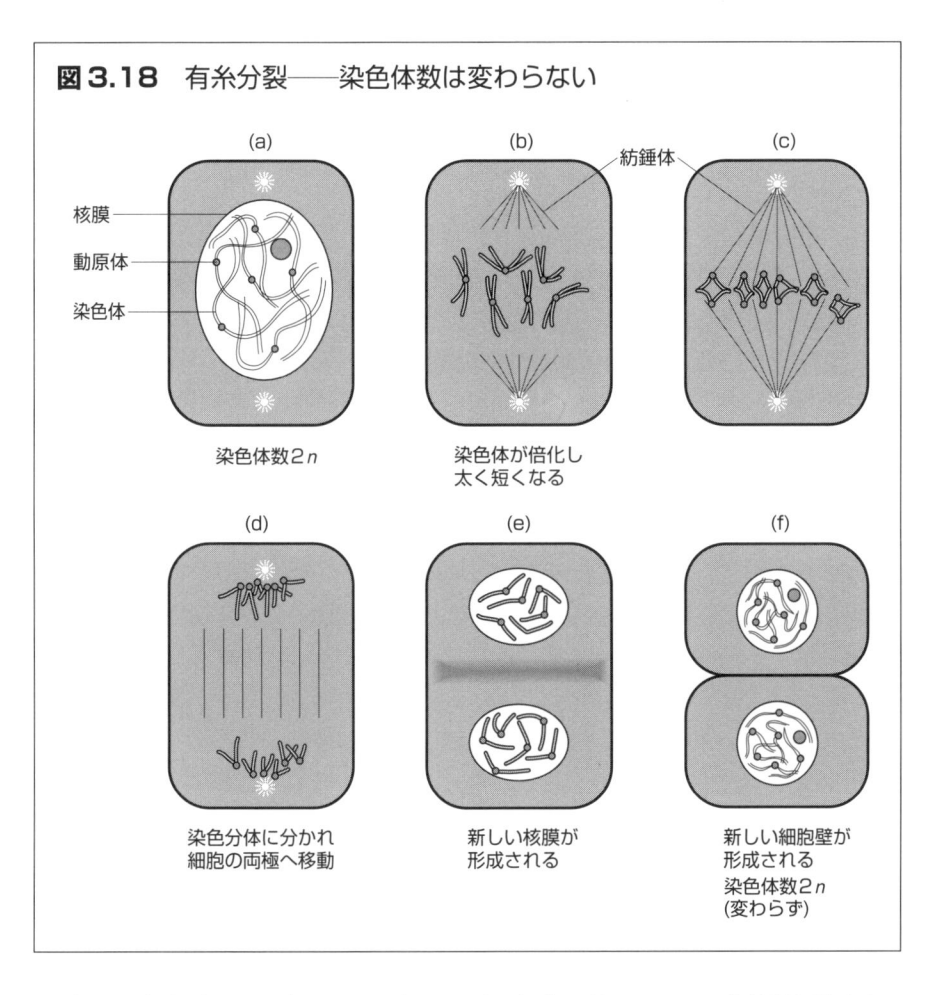

図3.18 有糸分裂──染色体数は変わらない

(a) 核膜／動原体／染色体　染色体数2n
(b) 紡錘体　染色体が倍化し太く短くなる
(c)
(d) 染色分体に分かれ細胞の両極へ移動
(e) 新しい核膜が形成される
(f) 新しい細胞壁が形成される　染色体数2n（変わらず）

半減します（**図3.19f**）．このような分裂が起きた結果，1つの花粉母細胞から4つの花粉ができます（**図3.20**）．

　花粉は，風によって運ばれるか（風媒），昆虫や小型の鳥などの動物によって運ばれ（虫媒・鳥媒），雌ずいの柱頭につきます．これが「受粉」です．風媒よりも虫媒のほうが，確実に花粉を運んでもらえるので，花粉をつくるためのコストが少なくてすみます．目立つ色や形をもつ被子植物の花は，そのために進化してきました．スギやヒノキなどの裸子植物や，尾状花序をもつブナ科やカバノキ科，イネ科の風媒花は目立たず，そのかわりに広い地域に風で飛ばされるたくさんの花粉をつくります．

図 3.19　減数分裂——染色体数が半減する

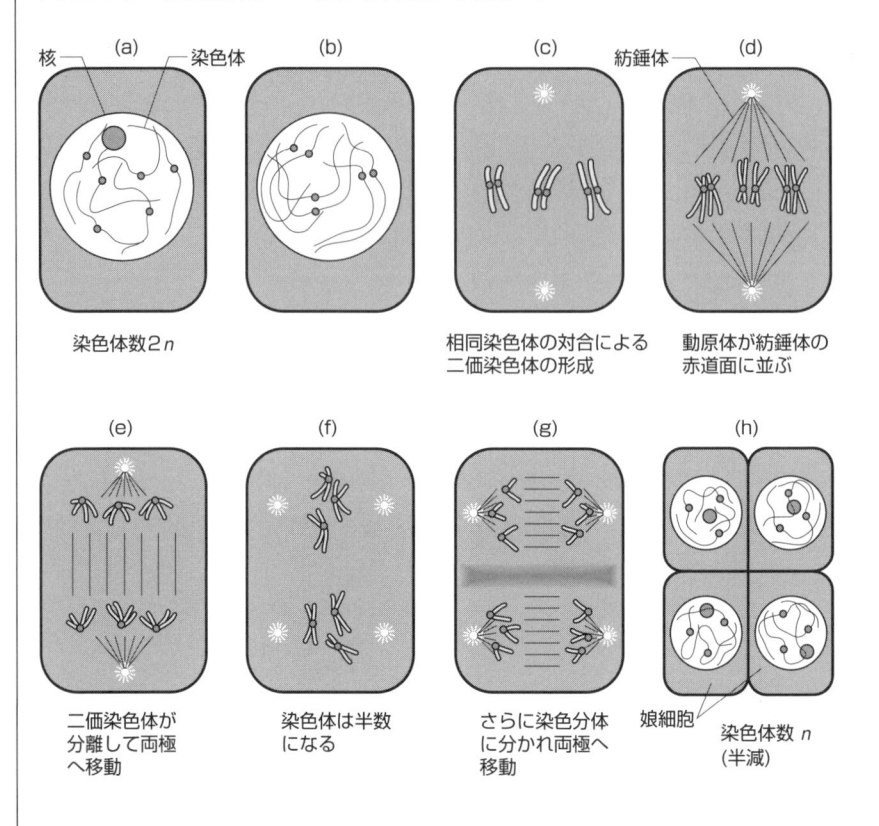

(a) 核／染色体　染色体数 $2n$

(b)

(c) 相同染色体の対合による二価染色体の形成

(d) 紡錘体　動原体が紡錘体の赤道面に並ぶ

(e) 二価染色体が分離して両極へ移動

(f) 染色体は半数になる

(g) さらに染色分体に分かれ両極へ移動

(h) 娘細胞　染色体数 n（半減）

図 3.20　被子植物の花粉形成

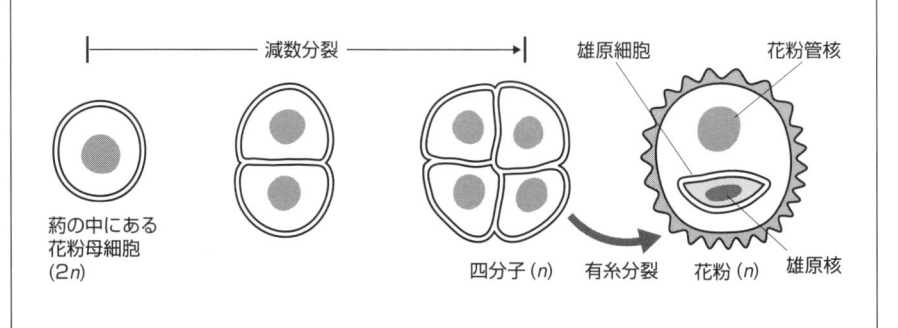

← 減数分裂 →

葯の中にある花粉母細胞 $(2n)$ → 四分子 (n) → 有糸分裂 → 花粉 (n)　雄原細胞／花粉管核／雄原核

花粉管が伸びて受精が起こる

　花粉は，雌ずいの柱頭につくと，「花粉管」と呼ばれる構造を伸ばします（**図3.21**）．これを花粉の発芽と呼びます．花粉管は，子房の中の胚珠に向かって，花柱の中を伸長していきます．被子植物では，花粉管には「花粉管核」と呼ばれる核のほかに，「精細胞」が2つあります．花粉管の伸長とともに，その中を精細胞が移動していきます．

　雌ずいの子房の内部には，種子のもとになる胚珠があり，その中に「胚囊」と呼ばれる構造ができます．胚囊のでき方を詳しく見てみましょう（**図3.22**）．まず，花粉と同じように，胚囊母細胞の減数分裂によって，胚囊細胞が形成されます．このとき，減数分裂によって4個の細胞ができますが，そのうちの3個は消滅し，1個の大きな胚囊細胞が形成されます．胚囊細胞は，さらに有糸分裂によって，7個の細胞になります．これが胚囊です．

　花粉管は通常，珠孔と呼ばれる穴から胚囊に入ります（**図3.23**）．花粉管の

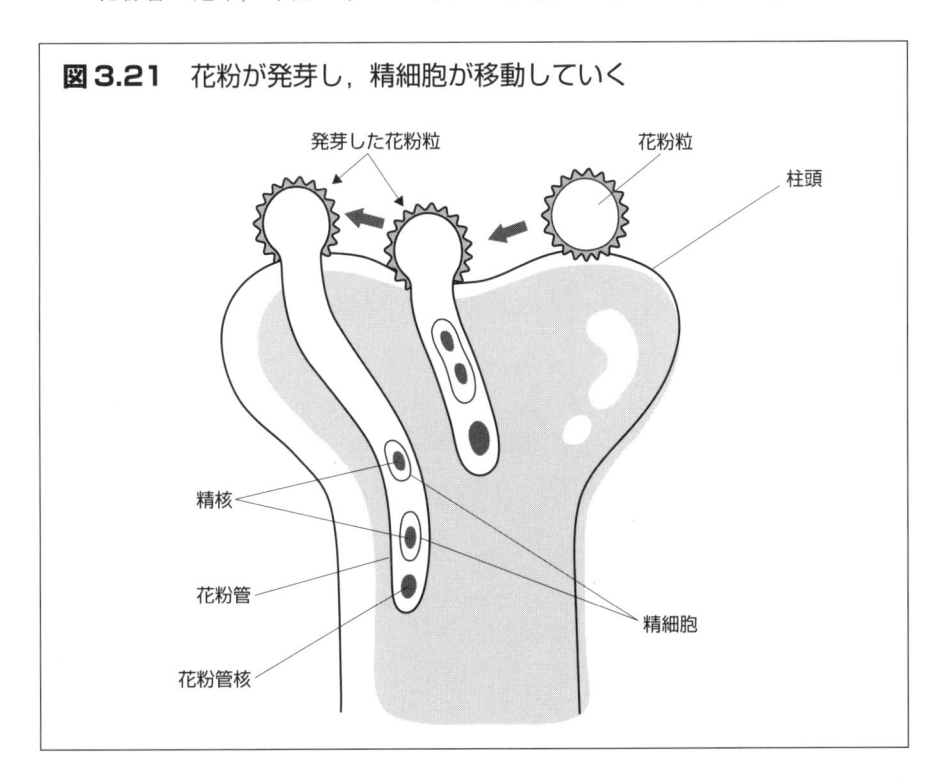

図3.21　花粉が発芽し，精細胞が移動していく

図3.22 被子植物の胚嚢形成

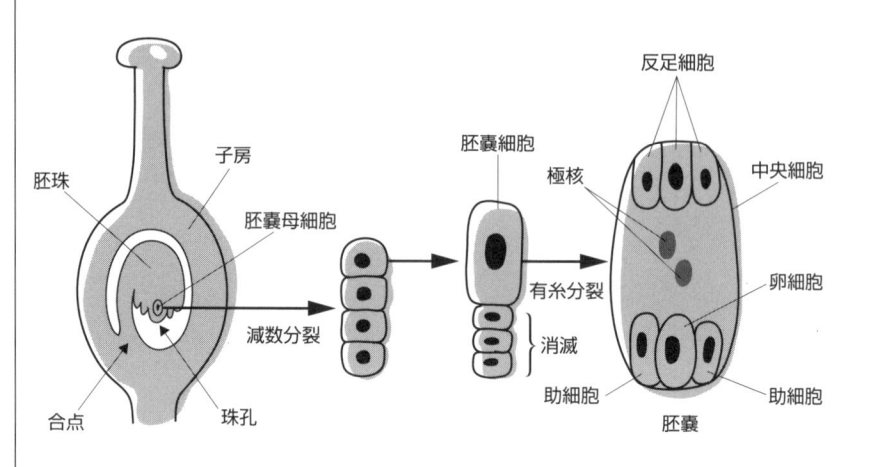

図3.23 被子植物の重複受精

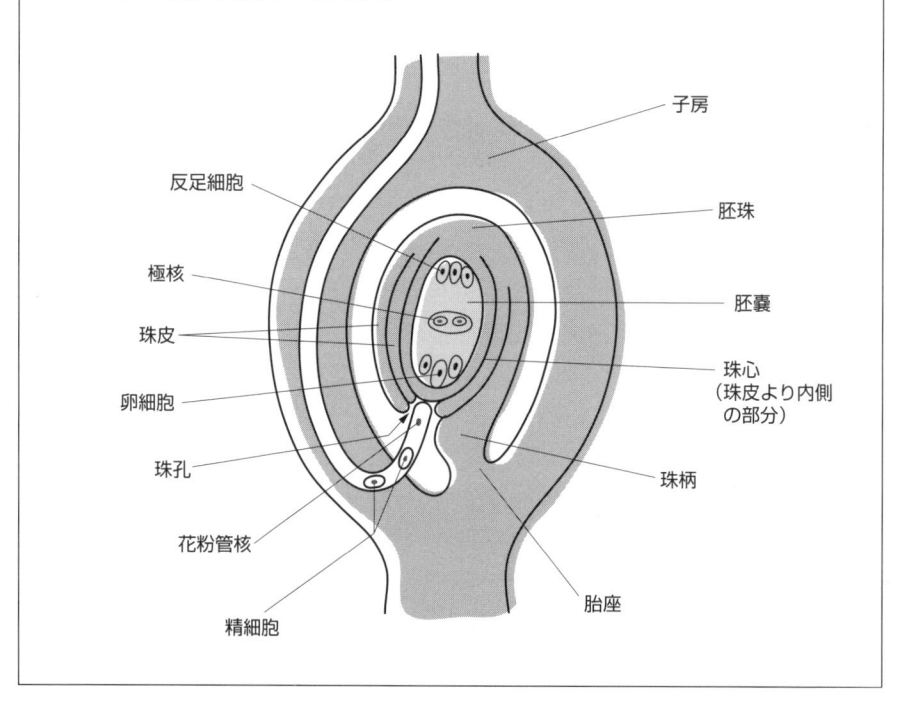

中を移動してきた2つの精細胞のうち，一つは胚嚢の中の卵細胞と受精します．もう一つの精細胞は，胚嚢の中心にある中央細胞の2つの極核と受精します．このように，2つの受精が起こるので，これを「重複受精」と呼びます．胚珠の中の受精した卵細胞は胚になり，受精した中央細胞は内乳へと発達し，養分を蓄えます．胚珠の珠皮は種皮へと発達します．

被子植物に見られる重複受精は，受精が確実に行われて胚が形成されるときにだけ，養分が内乳に蓄積される点で，種子を形成するうえで，栄養をむだにすることなく合理的といえます．

なお，被子植物に見られる胚嚢の形は多様で，すべてがここに示した図のようなものではありません．裸子植物では，重複受精は起こらず，養分は受精が行われなくても内乳（n）に蓄積されます．

染色体の数と組み合わせの変化

次に，被子植物の生活史全体をまとめて見てみましょう（**図3.24**）．

この過程を染色体の数に注目して見てみると，まず被子植物の体（胞子体）の染色体は減数分裂によって半数になります．この数をnで表します．つまり，胞子体の葯の中の花粉母細胞（$2n$）が減数分裂して，「小胞子」である花粉四分子を経て花粉が形成されるので，花粉の染色体数は半数のnとなります．子房内での胚嚢の形成においても，胚珠内では減数分裂によって胚嚢母細胞（$2n$）から「大胞子」である胚嚢細胞（n）ができます．

花粉と胚嚢細胞はそれぞれ有糸分裂によって細胞分裂し，雄性配偶体と雌性配偶体になります．つまり，発芽花粉は雄性配偶体，胚嚢は雌性配偶体であり，これらの配偶体中に形成される配偶子（精細胞と卵細胞）が受精することによって，胚（$2n$）が形成されます．

種子は胚と胚乳と種皮からできていますが，胚乳を構成する組織のうち内乳は受精した中央細胞（$3n$）からできるのに対し，周乳（$2n$）は受精とは関係なく珠心のほかの組織からできます．内乳が発達する場合は，珠心のほかの組織は衰退してなくなります．種皮は胚珠の珠皮から形成されます．

種子の中で胚は細胞分裂して成長し，再び植物体が形成されます．この新しい胚からできる植物体は，染色体の組み合わせが親植物とは異なる組み合わせになります．なぜなら，減数分裂で半数になるときに生じる染色体の組み合わせはいろいろで，さらに受精が行われるときに異なる親の染色体が入り混じり，

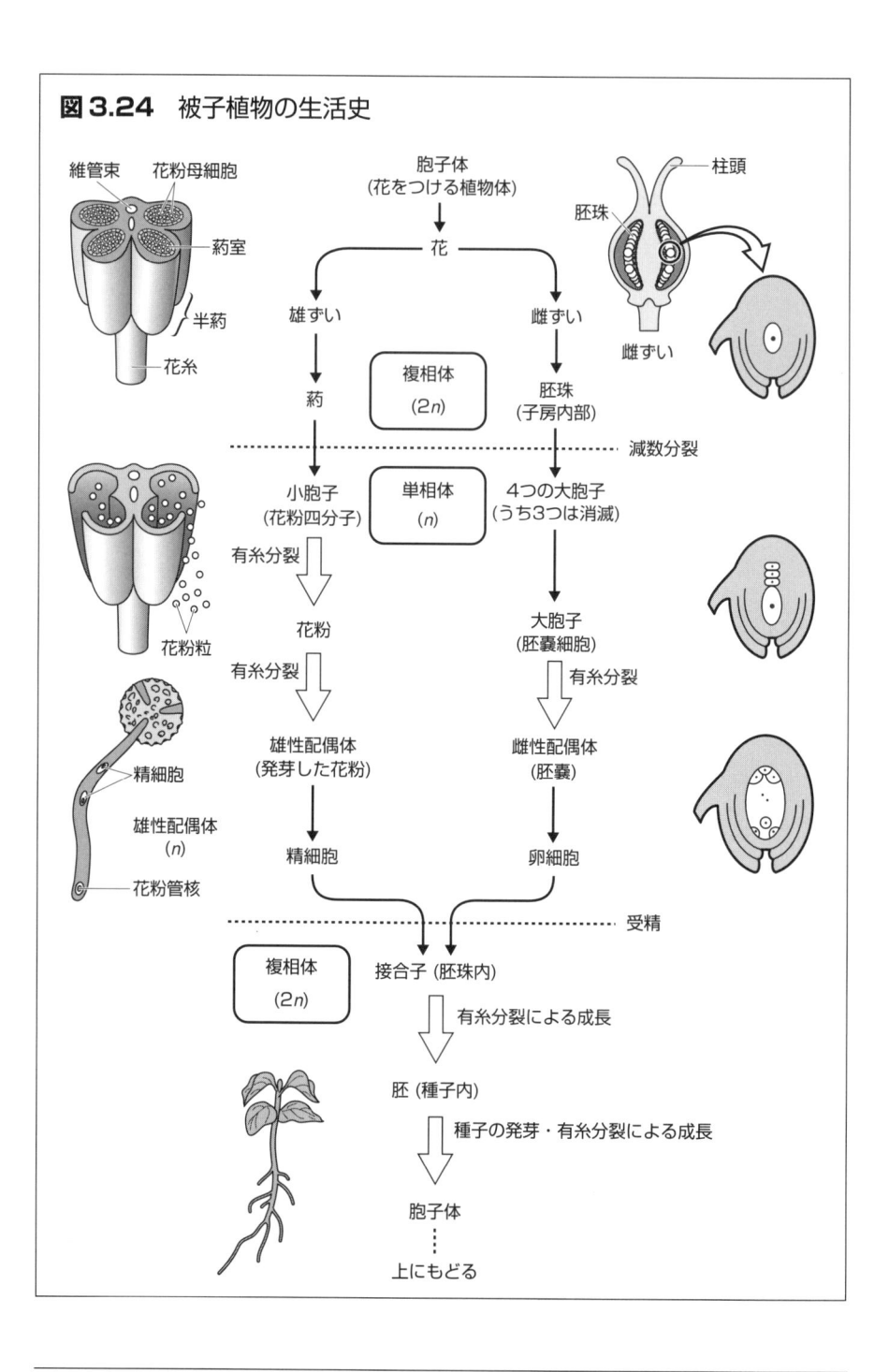

図 3.24 被子植物の生活史

- 維管束
- 花粉母細胞
- 葯室
- 半葯
- 花糸

胞子体(花をつける植物体)
↓
花
├─雄ずい → 葯
└─雌ずい → 胚珠(子房内部)

複相体 (2n)

……………………減数分裂……………………

- 小胞子(花粉四分子)
- 4つの大胞子(うち3つは消滅)

単相体 (n)

有糸分裂
↓
- 花粉
- 大胞子(胚嚢細胞)

有糸分裂
↓
- 雄性配偶体(発芽した花粉)
- 雌性配偶体(胚嚢)

- 花粉粒
- 精細胞
- 雄性配偶体 (n)
- 花粉管核

- 柱頭
- 胚珠
- 雌ずい

精細胞 / 卵細胞

……………………受精……………………

複相体 (2n)

接合子(胚珠内)
↓ 有糸分裂による成長
胚(種子内)
↓ 種子の発芽・有糸分裂による成長
胞子体
⋮
上にもどる

多様な組み合わせが生じるからです．

このようにして，減数分裂と受精を経ると，遺伝子の組み合わせには多様性が生じ，植物の種における遺伝的な多様性が保たれます．さらに植物の中には雄花と雌花が別の個体について雄株と雌株ができるものがあり，同じ個体どうしの受粉を防いだり，自分自身の花粉では受精が起こらないしくみ（自家不和合性）をもっている場合が多く見受けられます．しかし，エンドウの花のように雌ずいと雄ずいが花弁に完全に覆われていて，ほかの花の花粉で受粉することができず，必ず自分自身の花粉で受粉（自家受粉）する例も多く，また受粉を経ずに胚ができる植物も少なくありません（無融合生殖）．

コケ・シダ・被子植物の生活史の共通点

ここで，被子植物の生活史をあらためてコケやシダの場合と比較してみましょう（**図3.24**，**表3.1**）．被子植物の植物体は，複相体（$2n$）です．これに対して，花粉や胚嚢は，減数分裂によって形成される単相体（n）になります．

花粉細胞も胚嚢細胞も数回の細胞分裂を行うので，これを世代とみなすと，

表3.1 陸上植物の生活史の比較

	シダ植物	コケ植物	種子植物（裸子植物・被子植物）
胞子体（$2n$）	シダ本体	蘚	植物本体
胞子嚢（$2n$）	葉の裏につく	蒴	葯（裸子植物の場合は花粉嚢）と胚珠

| ↓減数分裂 ||||

	シダ植物	コケ植物	種子植物
胞子（n）	胞子	胞子	大胞子（胚嚢細胞）と小胞子（花粉四分子）

| ↓有糸分裂 ||||

	シダ植物	コケ植物	種子植物
配偶体（n）	前葉体	原糸体を経てコケ本体	胚嚢と花粉管
配偶子をつくる器官	造卵器と造精器	雌性配偶体に造卵器，雄性配偶体に造精器	胚嚢と花粉管
配偶子（n）	卵細胞と精子	卵細胞と精子	卵細胞と精細胞

| ↓受精 ||||

	シダ植物	コケ植物	種子植物
接合子（$2n$）	受精卵	受精卵	受精卵

| ↓有糸分裂 ||||

	シダ植物	コケ植物	種子植物
胞子体（$2n$）の発生	はじめは前葉体（配偶体）上に寄生し，のちに独立生活	蒴を形成するが配偶体に完全に寄生	植物体由来の組織に包まれたまま種子中で胚を形成し休眠後に発芽

被子植物でも核相$2n$とnの世代はそれぞれ無性生殖の胞子体と有性生殖の配偶体の世代と一致し，これらが交互に現れる点は，シダやコケと共通しています．ただ，被子植物の配偶体（n）は胞子体（$2n$）に完全に寄生しており，非常に短い世代になっています．このように，シダ・コケ・被子植物の生活史における核相交代，世代交代の本質的な一致は，これらの植物が共通の起源をもっていることを示唆しています．

被子植物は，シダやコケに比べると，陸上でもずっと広い範囲に分布していて，種数も多く，多様化しています．コケやシダは，受精の過程を水に依存していますが，被子植物では，花粉管と雌ずいの内部で受精が行われ，水がなくても受精を確実に行うことができます．さらに，シダやコケでは胞子を飛ばして繁殖しますが，被子植物では種子で繁殖するため，より乾燥に耐えることができます．

3.4.4　植物の栄養繁殖とクローン

ほとんどの植物は，胞子や種子による繁殖のほかに，「栄養繁殖」と呼ばれる方法によっても繁殖することができます．植物の体（生殖器官以外の部分，つまり栄養体）の一部から出た芽が，親個体から離れて独立した個体になる例はたくさんあります．このような繁殖のしかたを栄養繁殖と呼びます．

走出枝による栄養繁殖

食用にするイチゴは，茎を長く伸ばし，その先に無性芽をつけます．やがて根（不定根）が出て，地面に活着し，新しい個体ができます．このような栄養繁殖を行うための枝を「走出枝（ランナー）」と呼んでいます．走出枝はあとで枯れ，親個体と新しい個体は切り離されます（図3.25a）．

根茎や根から生じるシュートによる栄養繁殖

草本性の双子葉植物や，単子葉植物では，「根茎」が長く伸びて，ほふくする茎や地下茎となり，その腋芽や不定芽として新しいシュートが形成され，それが新しい植物体となる場合も多くあります（図3.25b）．あとで根茎が枯れると，広い範囲にわたって遺伝的には同じ多数の個体が群生して生じることになります．

3.25 いろいろな栄養繁殖

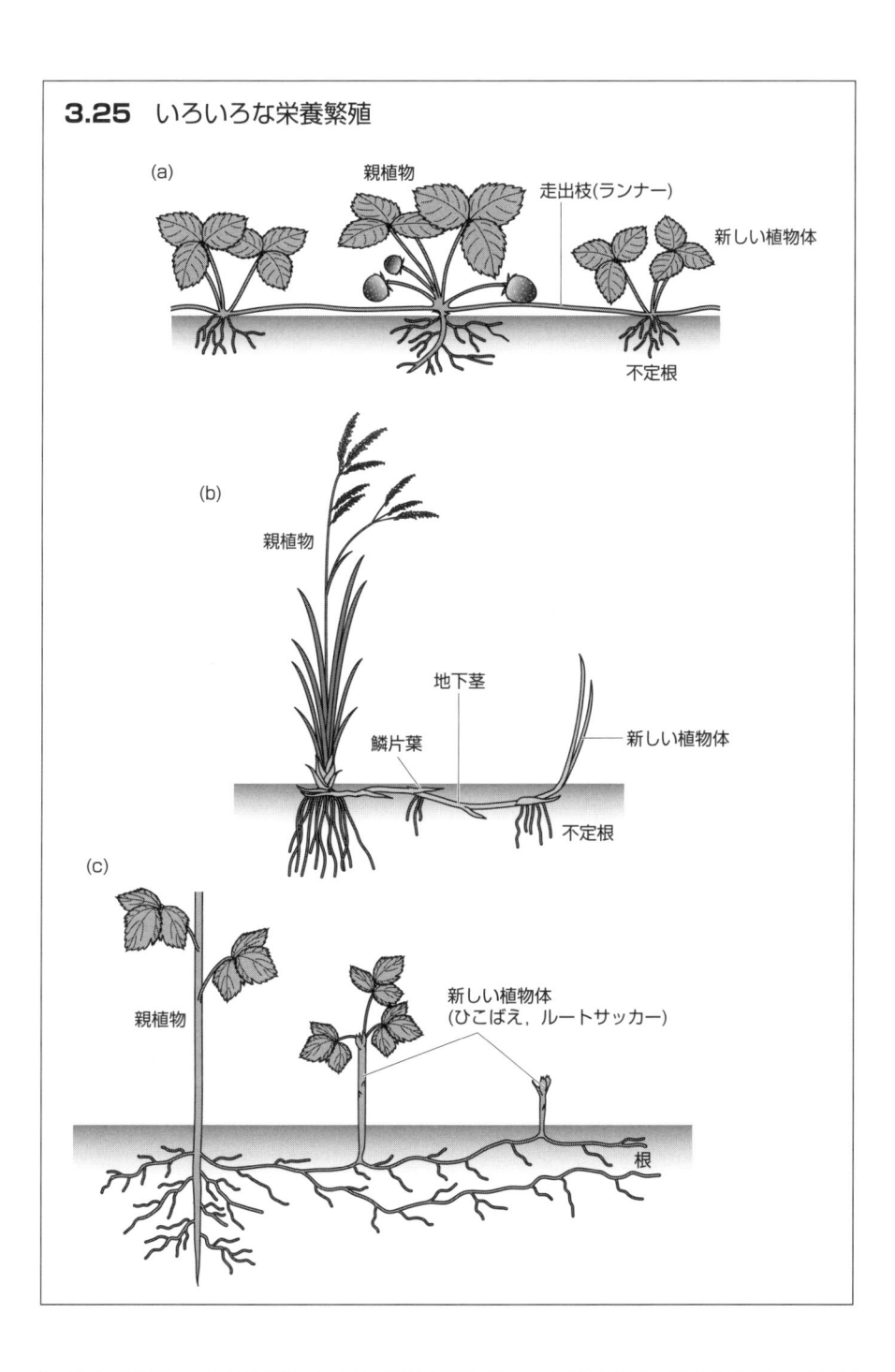

(a) 親植物　走出枝(ランナー)　新しい植物体　不定根

(b) 親植物　地下茎　鱗片葉　新しい植物体　不定根

(c) 親植物　新しい植物体(ひこばえ，ルートサッカー)　根

これに対して，木本植物で見られる例として，地下に伸びた根から不定芽が生じる場合もあります（キイチゴ）．このようなシュートを「ひこばえ（ルートサッカー）」と呼んでいます（図3.25c）．ポプラ，ハリエンジュ（ニセアカシア）などに見られるように，木を切り倒すと，地下の根から多数のシュートを生じ，たくさんのひこばえが出てくることがあります．キリやポプラ，タラノキなどは，このようなルートサッカーを利用して植物体を増やす栽培法も行われています．

地上の不定芽による栄養繁殖

ベンケイソウ科のコダカラベンケイでは，葉の鋸歯のへこんだところに不定芽ができ，それが落ちて新しい個体として増えます（図3.26左）．このような芽を「むかご」と呼ぶこともあります．ヤマノイモやオニユリなども，葉腋の芽が肉芽と呼ばれるむかご（それ自体はシュート）となって，地面に落ちて増えます（図3.26右）．

オリヅルランでは，長く伸びた枝の先端近くに不定芽ができて，そこから不

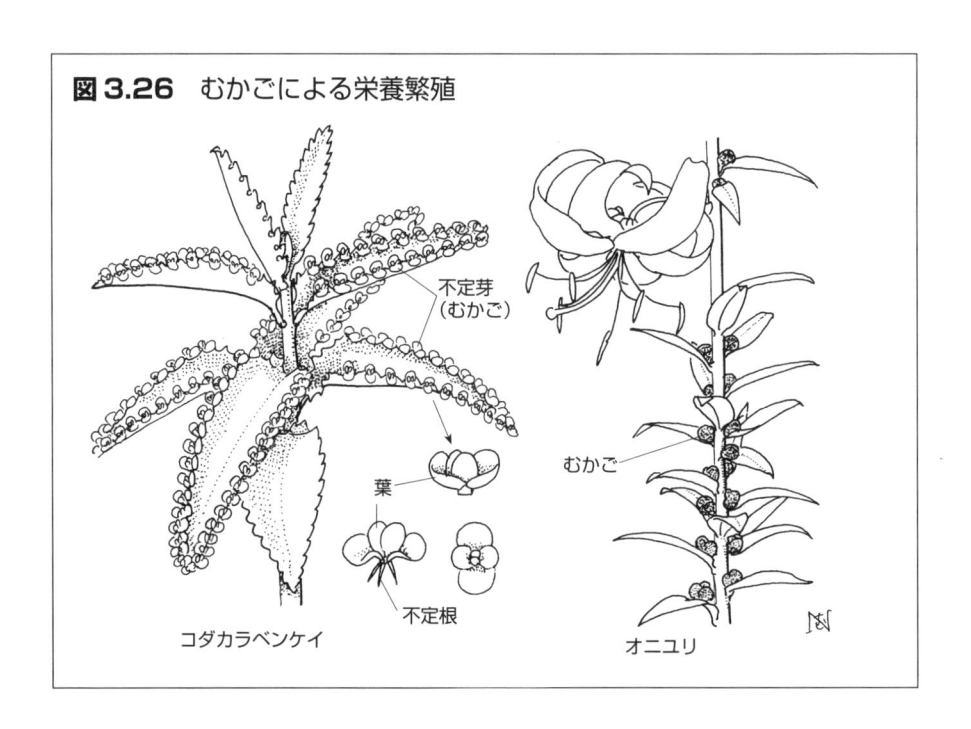

図3.26 むかごによる栄養繁殖

コダカラベンケイ　　オニユリ

図3.27　オリヅルランの不定芽による栄養繁殖

本来は花のできる位置に不定芽を生じる

オリヅルラン

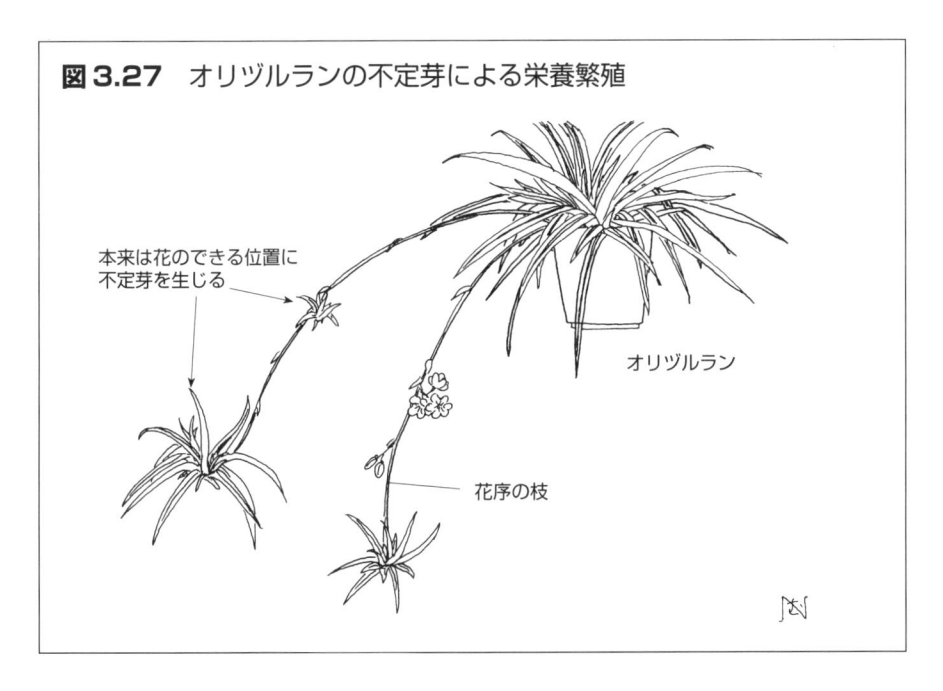

花序の枝

定根が出て新しい個体をつくることができます．この枝は花序で，不定芽のできる位置は，花のつく位置です（**図3.27**）．

球根による栄養繁殖

チューリップの鱗茎や，グラジオラスやクロッカスの球茎など（1.3節を参照）の腋芽からも，新しい個体ができます（**図3.28**）．チューリップでは，ドロッパーと呼ばれる一種の茎が伸び，その先のふくらんだ部分には新しい鱗茎があります．新しい鱗茎からは不定根が出ます．根の一部は収縮根と呼ばれて，収縮しながら鱗茎を地中に引き込む働きをします．

植物のクローン

栄養繁殖によって増えた個体は，すべて親植物の細胞分裂（有糸分裂）によってつくられていますので，親植物とまったく同じ遺伝子の組み合わせをもっていて，その性質は親植物と変わりません．つまり，こうしてできた個体は，すべて「クローン」ということになります．このため，花色や花の形など，同じ特徴をもつ個体を多数，栄養繁殖によって増やすことができ，園芸上はたい

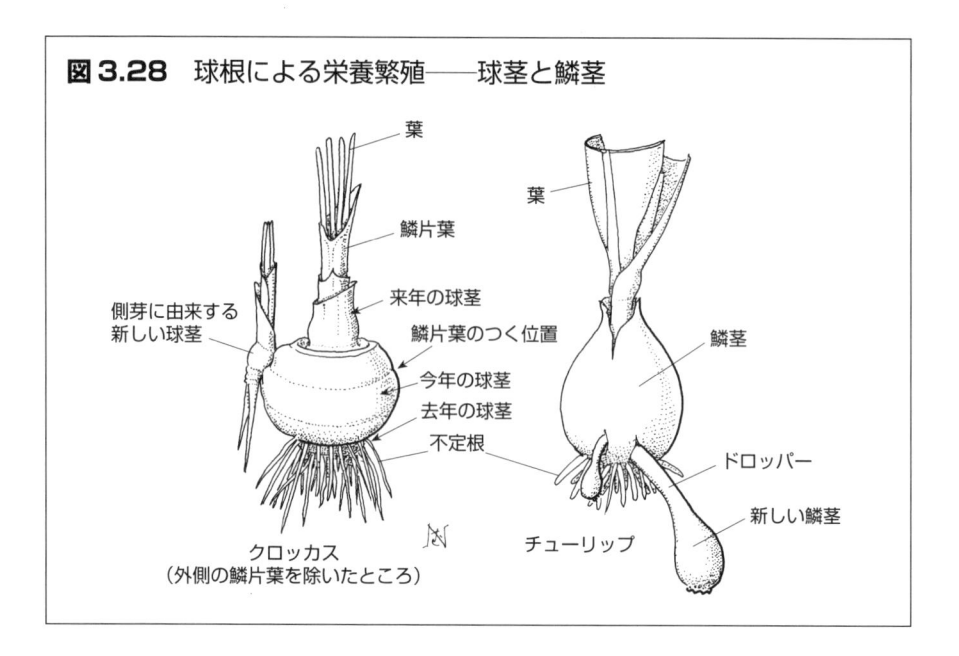

図 3.28 球根による栄養繁殖——球茎と鱗茎

(クロッカス図の各部名称)
- 葉
- 鱗片葉
- 来年の球茎
- 鱗片葉のつく位置
- 今年の球茎
- 去年の球茎
- 側芽に由来する新しい球茎
- 不定根
- クロッカス（外側の鱗片葉を除いたところ）

(チューリップ図の各部名称)
- 葉
- 鱗茎
- ドロッパー
- 新しい鱗茎
- チューリップ

へん有用です．

このように自然状態でも多くの栄養繁殖の方法が見られますが，園芸的には人工的に個体を栄養繁殖させて，クローンをつくり出しています．接ぎ木，とり木，株分け，挿し木，挿し芽，挿し葉などは，いずれも人為的な栄養繁殖です．ランなどの茎の頂端分裂組織を培養してつくられる個体のように，組織培養によってつくられる個体も，すべてクローンです．

第4章
植物の分類

被子植物のいろいろ

4.1 植物には何が含まれるか

　植物とは，光合成をして独立栄養を営む生物群のことをさします．この本では，おもに被子植物を中心に話を進めてきましたが，陸上植物には，このほか裸子植物とシダ植物，それにコケ植物が含まれます（**表4.1**）．
　「裸子植物」は被子植物と違って，胚珠が子房によって包まれておらず，むき出しのまま葉状の構造についています．そこから，「裸子（裸の種子）」と呼んでいます．被子植物と裸子植物は，種子をつくるため，まとめて「種子植物」と呼ばれることがあります．
　「シダ植物」は胞子によって増えますが，根・茎・葉の構造をもち，種子植物と同様，維管束をもっているため，シダ植物と種子植物をまとめて「維管束植物」と呼ぶことがあります．
　「コケ植物」は，維管束をもたず，根・茎・葉の構造もありませんが，シダ植物と同様，胞子で増えます．
　水中生活をする植物の大部分は「藻類」で，多様な分類群を含みます．一見コケに似た「地衣類」は，藻類と菌類の共生体です．
　カビやキノコのなかまである「菌類」は，菌糸体をつくり，胞子によって増える生物群です．生物の遺体などを分解して生活のエネルギーを得ており，独立栄養ではなく従属栄養で，ふつうは植物には含めません．

表4.1 植物のおおまかな分類

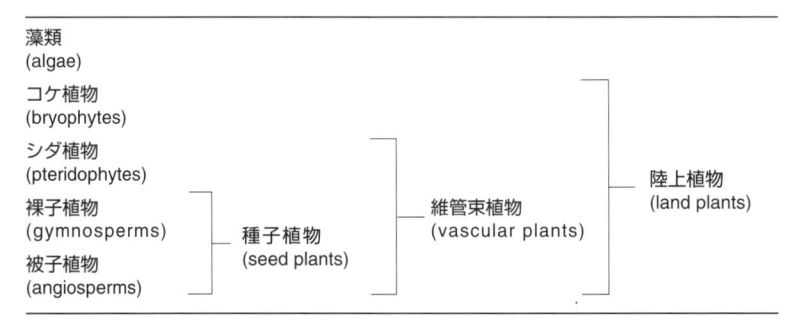

藻類 (algae)			
コケ植物 (bryophytes)			陸上植物 (land plants)
シダ植物 (pteridophytes)		維管束植物 (vascular plants)	
裸子植物 (gymnosperms)	種子植物 (seed plants)		
被子植物 (angiosperms)			

4.2 裸子植物の「花」

　裸子植物には，マツやスギなど，いわゆるマツボックリをつける球果植物（針葉樹）のほか，ソテツやイチョウ，マオウなどの起源の古い植物があります．おもに木本で，被子植物より起源が古く，多くは道管をもたず，かわりに仮道管をもつなどの特徴があります．

　裸子植物では，被子植物にならって，生殖器官に「雄花」，「雌花」，「花粉」などの言葉を使いますが，裸子植物の生殖器官には，被子植物の花の構成要素である，がく，花冠，子房などの構造がありません．「雄花」では，花粉囊（花粉の入った袋状の構造）が，被子植物でよく見られるような糸状の花糸ではなく，平べったい葉状の構造体（鱗片）についています．また，「雌花」には，胚珠がむき出しで，これも葉状や棒状の構造体についています（**図4.1**）．

　裸子植物では，正式には雄花を「雄性胞子囊穂（ゆうせいほうしのうすい）」，雌花を「雌性胞子囊穂（しせいほうしのうすい）」と呼びます．ここでいう胞子とは，被子植物の生活史において減数分裂によってできた細胞（花粉四分子または胚囊細胞）に対応しています（3.4.3項を参照）．また，とくにマツやスギでは，胞子囊穂を「球花」，受精後の熟した雌性胞

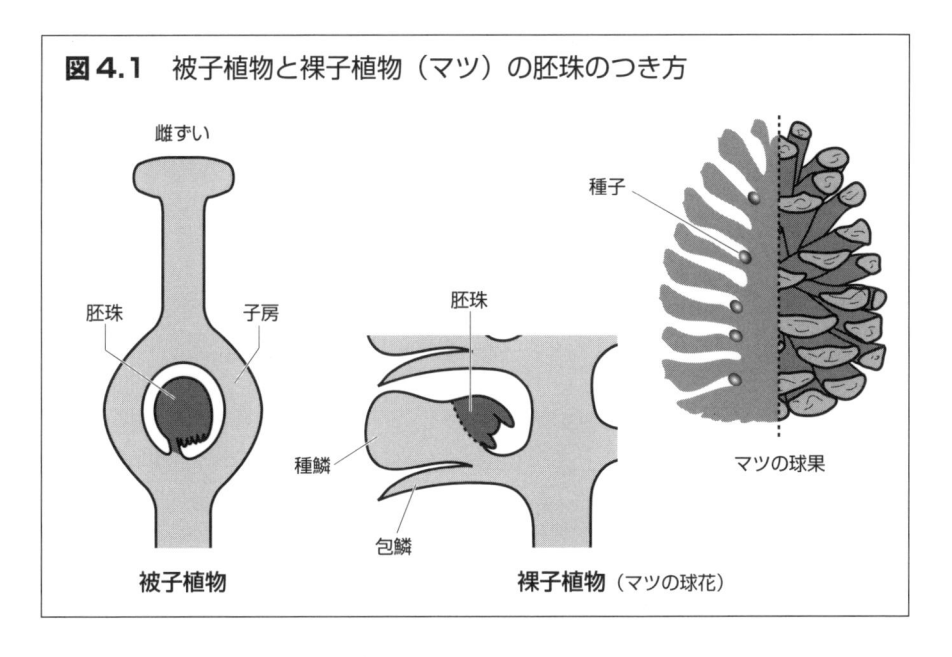

図4.1　被子植物と裸子植物（マツ）の胚珠のつき方

（被子植物：雌ずい，胚珠，子房）
（裸子植物（マツの球花）：胚珠，種鱗，包鱗）
（マツの球果：種子）

子嚢穂を「球果」と呼んでいます(「ミニ植物図鑑」のクロマツ (p. 76) を参照).

図鑑などでは,胞子嚢穂を単純に「花」と呼んでいることがありますが,植物学上は正確とはいえません.「花を咲かせる植物 (flowering plants)」というときには,被子植物のことをさします.

4.3 被子植物の分類研究

4.3.1 植物の形質と記載方法

被子植物は,歴史的にはいろいろな分類をされてきました.18世紀のスウェーデンの博物学者リンネ(Carl von Linné)は,植物に学名をつける方法をつくり出しました.それは,植物に属と種の2つの名をつける「二名法」と呼ばれる方法で,現在の生物の学名の命名法の基礎になっています(詳しくは4.5節).そのためリンネは"分類学の祖"と呼ばれています.二名法と同時に,植物の最も基本的なまとまりを表す現在の「属」や「種」の概念が生まれたといってもよいでしょう.また,リンネは,被子植物を雄ずいと雌ずいの数と特徴によって分類しました.

雄ずいや雌ずいの数ですべての植物を分類するという方法は,単純でわかりやすいものでしたが,強引なものでしたので,植物の研究が進むにつれ,もっといろいろな特徴(形質)を使って分類するようになりました.たくさんの形質を使って分類していくと,植物の中にはいくつかの自然なまとまりが見られ,

表 4.2 分類階級の名称と実際の植物の例

分類階級	例(イネ)	学名(ラテン名)
界(kingdom)	植物界	Regnum Vegetabilis
門(division)	被子植物門	Magnoliophyta(= Angiospermae)
綱(class)	単子葉植物綱	Liliopsida(= Monocotyledoneae)
目(order)	イネ目	Poales
科(family)	イネ科	Poaceae(= Gramineae)
属(genus, *pl.* genera)	イネ属	*Oryza*
種(species)	イネ	*Oryza sativa*

さらに細分した階級を設けることもある(亜綱,亜科,亜種など)

それらを属より大きなまとまりの「科」として認識するようになりました．植物を科に基づいて分類・整理することで，図鑑などで目的の植物を見つけ出し，同定することもやさしくなります．

　歴史的には，注目する形質が増えるにつれ，またそれまで知ることのできなかった形質が科学と技術の進歩によって知られるようになるにつれ，分類の基準や重視する形質が変化し，科より上位の分類階級（目,綱など）もつくられました（表4.2）．

4.3.2　さまざまな分類体系

　リンネ以降，分類学者によって，いろいろな分類体系がつくられました．これは，ヨーロッパの植民地政策の推進によって，調査収集された植物の産地や数も増え，その中には有用な植物も多く含まれていたために，植物に対する関心がますます高まったからです．

　18世紀以降，19世紀にかけて，スイスのド・カンドル（Augustin Pyrame de Candolle）や，イギリスのキュー王立植物園で研究したベンサム（George Bentham）とフッカー（Joseph Dalton Hooker）などによって，多くの科が確立されました．これらは，今日までそれほど大きく変わってはいません．

　19世紀には，ダーウィン（Charles Darwin）の進化論の影響によって，「神のプラン」ではなく，進化の道筋，つまり系統に従った分類体系をつくることが盛んに試みられました．また，種の概念も，生物の生殖や遺伝についての理解が進むにつれて，遺伝的変異を考慮に入れた近代的な種の概念へと，変化していきました．

　20世紀初頭に，それまでに得られた知識を，コケ植物やシダ植物，菌類までを含めて集大成し，体系としてまとめたのはドイツのエングラー（Adolf Engler）です．現在でも，東京大学をはじめ，内外の植物標本館（ハーバリウム）では，この体系を基礎に置いて植物標本を収蔵しています．エングラーの体系は，彼の没後も後継者によって改訂が重ねられました．

　フランスやイギリス，アメリカでも分類学の研究は盛んに進められ，これとは別の多くの分類体系が生まれました．なかでも，分類体系をつくるうえで，雄ずいや雌ずいの配列を重視したアメリカのベッシー（Charles Bessey）による進化の方向性についての考え方は，のちの研究者に大きな影響を与え，クロンキスト（Arthur Cronquist）らに受けつがれました．

4.3.3 エングラーの体系

エングラーの体系を例にとって，被子植物全体を概観してみることにしましょう（**表 4.3**）．被子植物は，単子葉植物と双子葉植物に大きく分けられます．エングラーは，単子葉植物を双子葉植物よりも祖先的なものと考えました．

エングラーは，双子葉植物を「後生花被亜綱（合弁花類）」とそれ以外の「古生花被亜綱（離弁花類）」に大きく分けました．これは，花の構成要素が離生しているものに比べ，合生しているほうが進化的に進んだ段階と考えたからです．古生花被亜綱には，花被をもたない無弁花類と一環または二環の花被をもつ離弁花類が含まれますが，無弁花類のほうが祖先的と考えました．無弁花類には，ヤナギ科，カバノキ科，ブナ科など，花が小さくて目立たず，尾状花序をもつ木本があります．これらは花序が長く垂れ下がり，花弁が発達しておらず，花粉は風によって飛ばされ，尾状花序群と呼ばれることもあります．

さらに，祖先的なものから進化したものへと，次のような科が置かれました．クワ科，イラクサ科など花の目立たない科は花被が一環（単花被）で，複花被（花被が二環で，がくと花冠をもつ）より祖先的と考えました．さらに，単花被の科としてはタデ科があり，ヤマゴボウ科，スベリヒユ科，ナデシコ科，アカザ科，ヒユ科，サボテン科など，熱帯を中心に分布する群があります．これらは，ナデシコ科を除き，ベタレイン色素をもつ群としてよくまとまっており，系統的にも近縁です．

このあとモクレン科，クスノキ科など，木本の起源が古いと考えられる群があり，これにキンポウゲ科やスイレン科，コショウ科など草本の中で起源が古いと考えられてきた科が続きます．さらに，ケシ科とアブラナ科のあと，ユキノシタ科，バラ科，マメ科など，五数性で多様性のある大きな科が置かれています．離弁花類には，このあと，フウロソウ科，ミカン科，カエデ科，ニシキギ科，クロウメモドキ科，ブドウ科，アオイ科，ジンチョウゲ科，スミレ科，ウリ科，フトモモ科，アカバナ科，セリ科などが置かれています．

離弁花類より進化した群と考えられる合弁花類には，祖先的なものから順番に，ツツジ科，アカネ科，シソ科，ナス科，ゴマノハグサ科，キツネノマゴ科，スイカズラ科，キキョウ科，キク科などが置かれています．

単子葉植物は，1.5.1項でも述べたように双子葉植物とは異なる特徴によってよくまとまっている群であり，ユリ科，アヤメ科，イネ科，ヤシ科，サトイモ

表4.3　エングラーの体系による被子植物の分類――おもな目と科の例

- 単子葉植物綱
    - ユリ目　　　　　ユリ科，ヒガンバナ科，ヤマノイモ科，アヤメ科
    - パイナップル目　パイナップル科
    - ツユクサ目　　　ツユクサ科
    - イネ目　　　　　イネ科
    - ヤシ目　　　　　ヤシ科
    - サトイモ目　　　サトイモ科
    - カヤツリグサ目　カヤツリグサ科
    - ショウガ目　　　バショウ科，ショウガ科，クズウコン科
    - ラン目　　　　　ラン科
- 双子葉植物綱
    - 古生花被亜綱（離弁花類）
        - クルミ目　　　　ヤマモモ科，クルミ科
        - ヤナギ目　　　　ヤナギ科
        - ブナ目　　　　　カバノキ科，ブナ科
        - イラクサ目　　　ニレ科，クワ科，イラクサ科
        - ビャクダン目　　ヤドリギ科
        - タデ目　　　　　タデ科
        - アカザ目　　　　ヤマゴボウ科，スベリヒユ科，ナデシコ科，アカザ科，ヒユ科
        - サボテン目　　　サボテン科
        - モクレン目　　　モクレン科，シキミ科，クスノキ科
        - キンポウゲ目　　キンポウゲ科，メギ科，アケビ科，スイレン科，マツモ科
        - コショウ目　　　ドクダミ科，コショウ科，センリョウ科
        - ウマノスズクサ目　ウマノスズクサ科
        - オトギリソウ目　マタタビ科，ツバキ科，オトギリソウ科
        - サラセニア目　　サラセニア科，ウツボカズラ科，モウセンゴケ科
        - ケシ目　　　　　ケシ科，フウチョウソウ科，アブラナ科
        - バラ目　　　　　マンサク科，ベンケイソウ科，ユキノシタ科，バラ科，マメ科
        - フウロソウ目　　カタバミ科，フウロソウ科，トウダイグサ科
        - ミカン目　　　　ミカン科，ニガキ科，センダン科
        - ムクロジ目　　　カエデ科，ムクロジ科，トチノキ科，ツリフネソウ科
        - ニシキギ目　　　モチノキ科，ニシキギ科，ツゲ科
        - クロウメモドキ目　クロウメモドキ科，ブドウ科
        - アオイ目　　　　シナノキ科，アオイ科，アオギリ科
        - ジンチョウゲ目　ジンチョウゲ科，グミ科
        - スミレ目　　　　スミレ科，キブシ科
        - ウリ目　　　　　ウリ科
        - フトモモ目　　　フトモモ科，ヒルギ科，アカバナ科
        - セリ目　　　　　ミズキ科，ウコギ科，セリ科
    - 後生花被亜綱（合弁花類）
        - ツツジ目　　　　ツツジ科
        - サクラソウ目　　ヤブコウジ科，サクラソウ科
        - カキノキ目　　　カキノキ科，エゴノキ科，ハイノキ科
        - モクセイ目　　　モクセイ科
        - リンドウ目　　　リンドウ科，キョウチクトウ科，ガガイモ科，アカネ科
        - シソ目　　　　　ヒルガオ科，シソ科，ナス科，ゴマノハグサ科，キツネノマゴ科
        - マツムシソウ目　スイカズラ科，オミナエシ科，マツムシソウ科
        - キキョウ目　　　キキョウ科，キク科

科，カヤツリグサ科，ショウガ科，ラン科などがあります．

4.3.4 DNA を用いた新しい分類研究

　DNA の塩基配列の分析によって植物の系統を調べる研究が 1980 年代からはじまり，1990 年代以降，系統樹があいついで発表されました．DNA による系統解析結果をもとに作られた分類体系は APG（Angiosperm Phylogeny Group）体系と呼ばれています．多くの場合，これまで推定されてきたことを裏づける結果となっていますが，なかにはこれまでの定説を覆す結果も得られています．こうした結果を踏まえて，少しでも正確な分類体系をつくろうと，世界中の研究者たちが努力を続けています．

　DNA による系統解析では，ある特定のタンパク質（光合成で働く酵素ルビスコなど）の遺伝子や特定の遺伝子間領域に注目して，DNA の塩基配列を近縁な種の間で比較し，進化の過程で塩基の置換がどのように起きたかを解析して，その系統関係を分岐図として示します．**図 4.2** に，被子植物全体の分岐図を簡単にしたものを示しました．DNA 解析によって系統的なまとまりがわかっても，分岐した枝の信頼性が低い場合や分岐した順番がわからず多分岐になってしまうところもあります．

　この図に基づけば，単子葉植物は系統的によくまとまった単系統群（共通の祖先から分岐して生じた生物群）として認められます．そして，単子葉植物は，化石などの証拠からも祖先的と考えられてきたモクレン科やコショウ科とともに，被子植物全体の中で祖先的な位置にあります．これに対して，合弁花類に分類されてきた多くの科は，最も進化的に進んだ位置にあります．

　これまで，ベタレイン色素をもつという共通点によってまとめられてきたアカザ科やヒユ科などナデシコ目の植物も，共通の祖先をもつ系統群としてよくまとまっています．

　注目すべき点は，スイレン科やマツモ科のような水生植物が被子植物全体において祖先的な位置にきていることや，三溝性花粉をもつ植物が単系統群（真正双子葉植物）となることで，この群の中で見ると，キンポウゲ科は祖先的な位置にあります．

　ユキノシタ科は，雄ずいと雌ずいの数が少ないことによってまとめられていた科ですが，木本のアジサイ科と草本の（狭義の）ユキノシタ科とに分けるべきだとする見解がありました．実際，DNA の解析によって，この 2 つの間に類縁性はなく，2 つの科に分けることが妥当であることが広く認められるよう

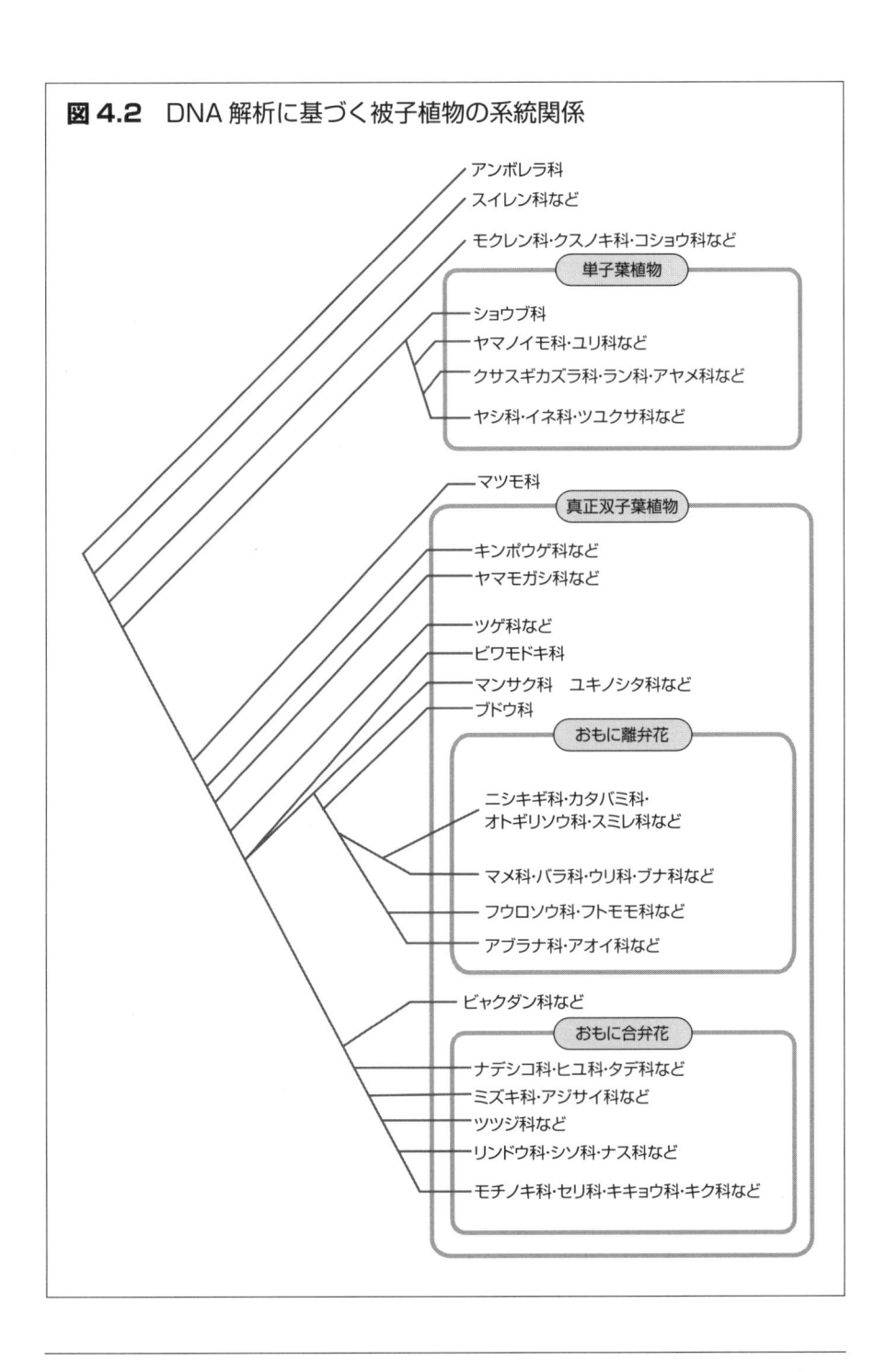

図 4.2　DNA 解析に基づく被子植物の系統関係

- アンボレラ科
- スイレン科など
- モクレン科・クスノキ科・コショウ科など

単子葉植物
- ショウブ科
- ヤマノイモ科・ユリ科など
- クサスギカズラ科・ラン科・アヤメ科など
- ヤシ科・イネ科・ツユクサ科など

- マツモ科

真正双子葉植物
- キンポウゲ科など
- ヤマモガシ科など
- ツゲ科など
- ビワモドキ科
- マンサク科　ユキノシタ科など
- ブドウ科

おもに離弁花
- ニシキギ科・カタバミ科・オトギリソウ科・スミレ科など
- マメ科・バラ科・ウリ科・ブナ科など
- フウロソウ科・フトモモ科など
- アブラナ科・アオイ科など

- ビャクダン科など

おもに合弁花
- ナデシコ科・ヒユ科・タデ科など
- ミズキ科・アジサイ科など
- ツツジ科など
- リンドウ科・シソ科・ナス科など
- モチノキ科・セリ科・キキョウ科・キク科など

になりました.

4.4 被子植物の特徴的な科

　北半球に分布する被子植物の科のうち，わかりやすい特徴のある科を以下にあげておきます．科についての理解を深めておくと，未知の植物に出会ったとき，どの科に属するか見当をつけることができ，その植物が何かをつきとめる手がかりになります．

4.4.1　ブナ科——ドングリのなる木

　ドングリと一般に呼ばれる堅果をつけるブナ科は，北半球の温帯林の主要な樹木で，シイ，カシ，ナラなどを含みます．7属900種ほどがあり，その半数はコナラ属に含まれます．たきぎや炭のほか，堅くて丈夫な材として，古くからよく利用されてきました．

　日本には，固有種のブナをはじめとして，コナラ，ミズナラ，カシワ，クヌギ，アカガシなど，20種あまりがありますが，ブナ，クリ（「ミニ植物図鑑」，p. 135），スダジイ，マテバシイなどを除く多くはコナラ属です．ブナやミズナラは冷温帯の夏緑樹林の優占種であり，スダジイやウバメガシは暖温帯の照葉樹林の優占種となっています．

　常緑または落葉性の高木で，葉は単葉で羽状の脈があり，常緑のものでは厚く革質になります．葉には托葉がありますが，すぐに落ちます．花には雄花と雌花がありますが，同じ個体につきます（雌雄同株）．雄花は尾状花序と呼ばれる長い花序になることが多く，雌花序は少数の花からなり，総苞に包まれています．雄花は6枚の花被片からなり，6または12本の雄ずいがあります．中に1個の種子を含む堅果は，クリのいがやドングリの帽子のように，いろいろな形の殻斗と呼ばれる部分（総苞が発達したもの）に包まれています．種子には胚乳がなく，子葉に養分を蓄えます．

4.4.2　ナデシコ科——二またに分かれる花序

　カーネーション，カスミソウのように園芸化されている種のほか，ハコベやナデシコなど，身近に親しまれる野草が含まれます．熱帯から寒帯まで，全

| ミニ植物図鑑 | 被子植物・ブナ科 |

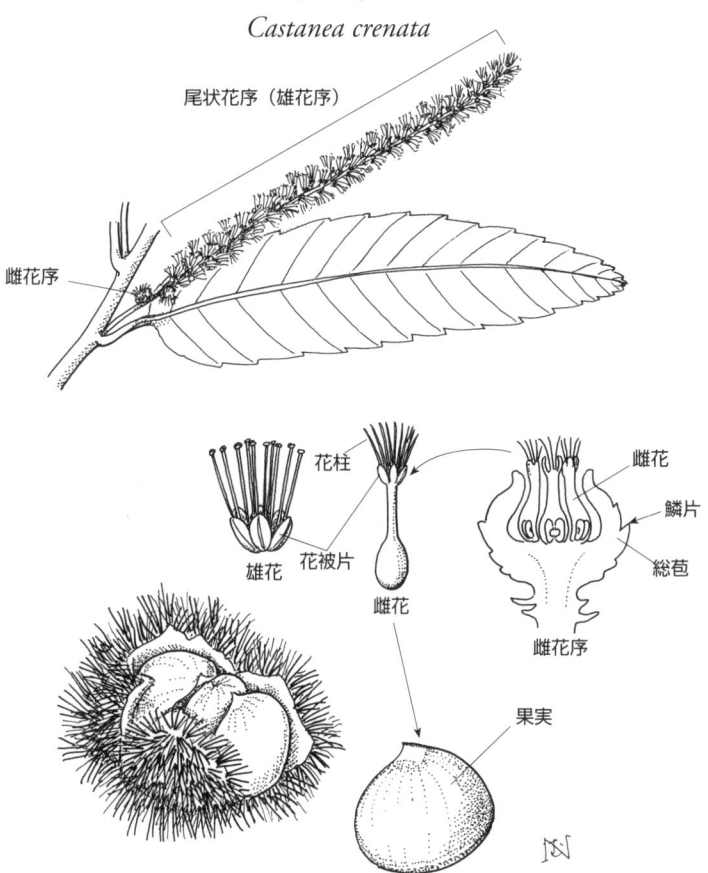

クリ
Castanea crenata

尾状花序（雄花序）
雌花序
花柱
雄花
花被片
雌花
雌花
鱗片
総苞
雌花序
果実

　風媒花が多いブナ科の中では，クリは強い香りをもち，蜜を出して昆虫を引き寄せる虫媒花である点がユニークです．花は5〜6月に咲き，雌花と雄花があり，尾状花序は多数の雄花からなり，その基部に1, 2個の雌花序つきます．雌花序は，多数の微小な鱗片からなる総苞の中に3個の雌花がつき，あとで総苞が発達して果実を覆っていがになります．いがの鋭いとげは鱗片の付け根から伸びた小さな枝が枝分かれしてできたものです．果実が熟すと，いがは先端から4つに割れて，中から果実（堅果）が現れます．食用にする部分は，デンプンを蓄えた子葉です．

図 4.3 ナデシコ科の特徴

二出集散花序

数字は咲く順を示す

咲き終わった花

葉は対生

ハコベ

独立中央胎座

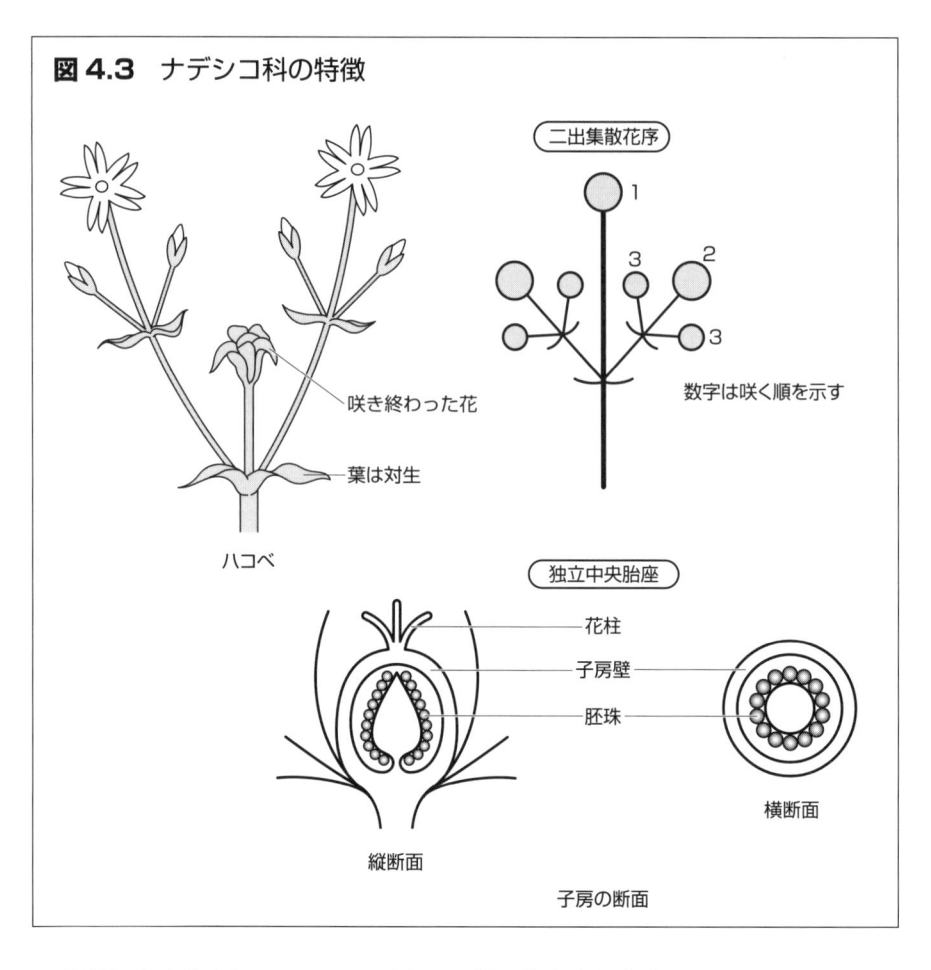

花柱
子房壁
胚珠

縦断面　横断面

子房の断面

世界に広く分布していて，100 属 2200 種ほどがあります．

　ナデシコ科には，この科を見分けるいくつかの特徴があります（**図 4.3**）．ほとんどが草本で，葉は対生し，単葉で縁がなめらかで，多くの場合，茎の節が多少ふくらんでいることや，花序が二出集散花序につくことが，この科を見分ける特徴です．花は五数性，柱頭は 2 つに分かれることが多く，子房は上位で，胚珠は独立中央胎座に多数がつきます．

　形態的な特徴の共通性から，ヒユ科，スベリヒユ科，サボテン科，オシロイバナ科，ヤマゴボウ科などとともに，ナデシコ目にまとめられています．これらは近縁で，ナデシコ科以外は，すべてベタレイン色素をもつという共通点もあります．

4.4.3 キンポウゲ科——変化に富んだ美しい花

　北半球の温帯を中心に，62属2500種ほどが全世界に分布しています．フクジュソウ，オダマキ，テッセン（クレマチス），クリスマスローズ，ニゲラ（クロタネソウなど），デルフィニウム（ヒエンソウ），サリクトラム（カラマツソウ）など，園芸化されている種がたくさんあります．セツブンソウやイチリンソウのように早春を代表する花や，高山植物のシナノキンバイやハクサンイチゲなどもあります．トリカブトやオウレンなどは，アルカロイドを含み，薬用に用いられます．

　キンポウゲ科の花は，花被片が変化に富んでいます．これは，虫媒花としてさまざまに進化をとげた結果と考えられます（図4.4）．がくと花冠の違いがは

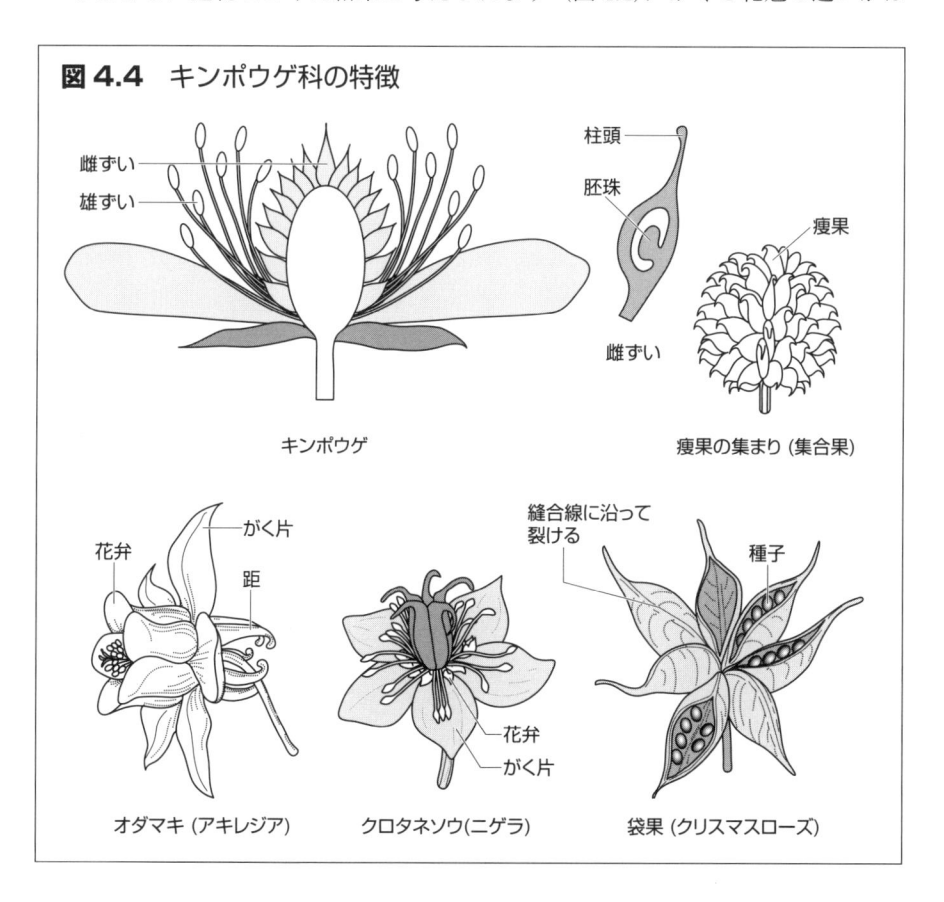

図4.4　キンポウゲ科の特徴

っきりしている場合もありますが，フクジュソウやクリスマスローズのように外側の花被片（がく片）が発達して花弁状になって，内側の花被片が蜜腺などに変化したり，花弁にあたる内側の花被片がなかったりする場合もあります．カラマツソウのように花被片がすぐに落ちてなくなり，雄ずいだけが目立つ場合もあります．

　花被片はまた，変形して蜜をためる距となっていることもあります．雄ずいは多数で，また雌ずいも多数あるのがふつうですが，少ない場合もあります．心皮は離生していて，クリスマスローズのように集合する袋果になる場合，ニゲラのように合着して蒴果を形成する場合，オキナグサやセンニンソウのように毛をもつ痩果を多数つける場合など，いろいろあります．

4.4.4　モクレン科——やっぱり原始的植物

　化石がすでに白亜紀下部の地層から出ること，円錐形の花床に多数の雄ずい，雌ずいが離生しており，環をつくらず，らせんに配列する特徴などから，被子植物の中でも，最も祖先的な植物ではないかと注目されてきました．

　モクレン科は，2属200種ほどがアジアと北アメリカに分布しています．日本には，モクレン，タムシバ，コブシ，ホオノキ，オオヤマレンゲ，オガタマノキなどがあります．街路樹としてよく植えられているユリノキや，庭園に植えられるタイサンボクは，北アメリカ原産です（「ミニ植物図鑑」，p. 139）．

　モクレン科の植物は，おもに常緑の木本で，単葉の葉をもち，大きな托葉をもつことが特徴です．多くの種では，托葉は葉が展開するときにすぐに落ちてしまいますが，それまでは芽全体を包んで保護しており，その基部が茎を環状に取り巻いているため，托葉が落ちた跡（托葉痕）が枝に環状に残ります．

　花は三数性で，花被は3の倍数です．3枚のがく片がありますが，花弁とは大きさは違っても色や形が似ていて，区別しにくいことがあります．雄ずいは扁平で葉状をしています．心皮は離生していて，果実になると背面（背軸側）で裂けて，赤い種子を出します．種子はまわりに肉質の赤い部分，中間の白い部分，中心には黒く堅い部分があって，3層に分かれているため，まるで核果のように見えますが，まわりの柔らかい部分は果皮ではなく，種皮です．

　モクレン属を中心としていくつかの属がみとめられてきましたが，これら周辺の属とモクレン属との境界はあまりはっきりせず，一つにまとめられました．ただ，ユリノキ属は，モクレン科の中でも特異的で，葉は切れ込みがあり，果

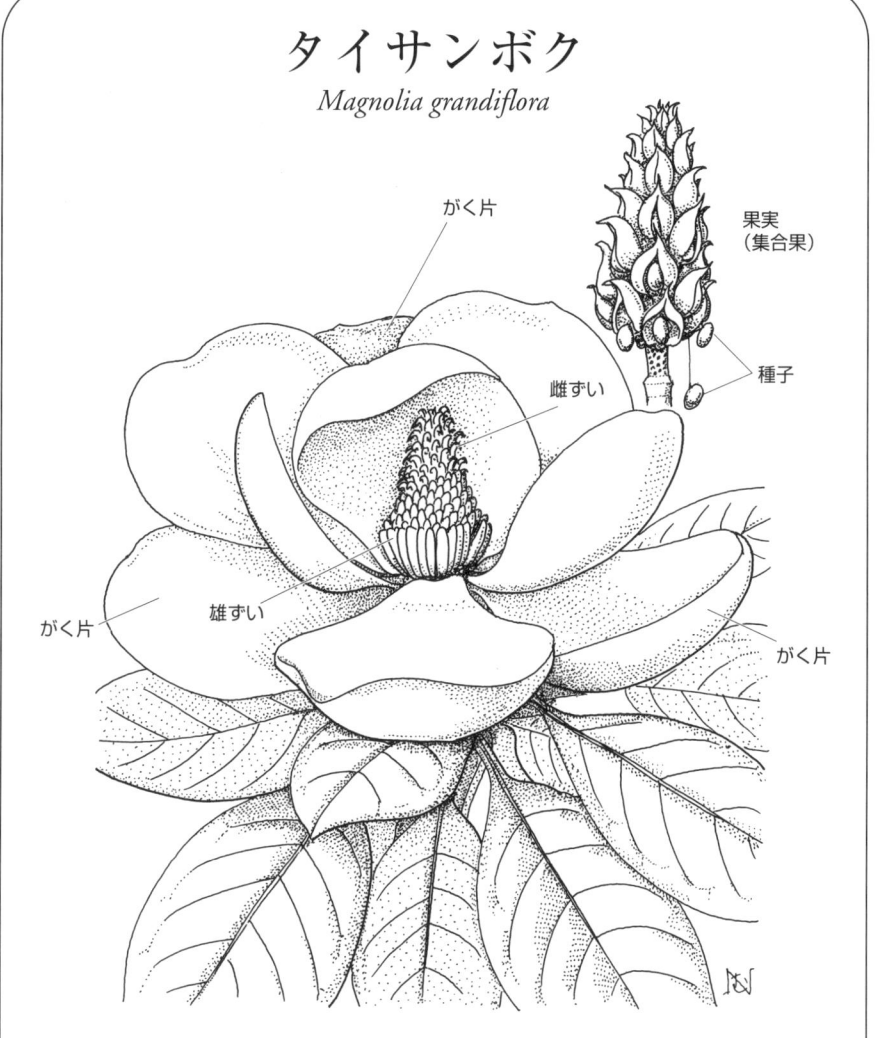

ミニ植物図鑑　被子植物・モクレン科

タイサンボク
Magnolia grandiflora

がく片
果実
（集合果）
雌ずい
種子
がく片
雄ずい
がく片

　北アメリカ原産で，庭園によく植えられる常緑高木です．葉は厚い革質で光沢があり，葉の裏にはさび色の寝た毛があります．花は6月ごろ咲いて，白色で径15〜20 cm，香りがあります．がく片は3枚で色や形は花弁と似ており，花弁はふつう6枚，雄ずいの花糸は短く，雌ずいの柱頭は先が巻いています．果実は集合果で心皮の背側で裂開し，中から赤い種子が，白い糸状の構造（胚珠の柄の中を通る道管）によってつり下がります．

実は翼果になるなど，モクレン属とは大きく異なっています．

4.4.5 アブラナ科——花を見ればすぐわかる

北半球の温帯（地中海，中央アジア，アメリカ北西部）を中心に，全世界に分布する大きな科で，341属4000種ほどがあります．

キャベツやアブラナ，カラシナやワサビなど，有用植物が多く含まれます．たとえば，チンゲンサイ，ターサイ，カブ，ミズナ，ハクサイは，いずれもアブラナの栽培品種で，種としては同じ *Brassica rapa* です（図4.5）．また，キャベツ，メキャベツ，ブロッコリー，カリフラワー，ハボタンは，いずれも *Brassica oleracea* の栽培品種で，これらの原種に近いものがケールです（図4.6）．日本には，ナズナ，タネツケバナなどの身近な種も多く，谷すじや高山帯に生える多くの野生種があります．

アブラナ科とフウチョウソウ科などの近縁のいくつかの科は，植物体全体にカラシ油配糖体を含み，これが独特の辛み成分となっています．カラシ油配糖体をもつ科は，系統的に見ても近縁であることが，DNA解析などで支持されています．

アブラナ科の植物は草本で，はっきりそれとわかる花と果実の構造がいくつ

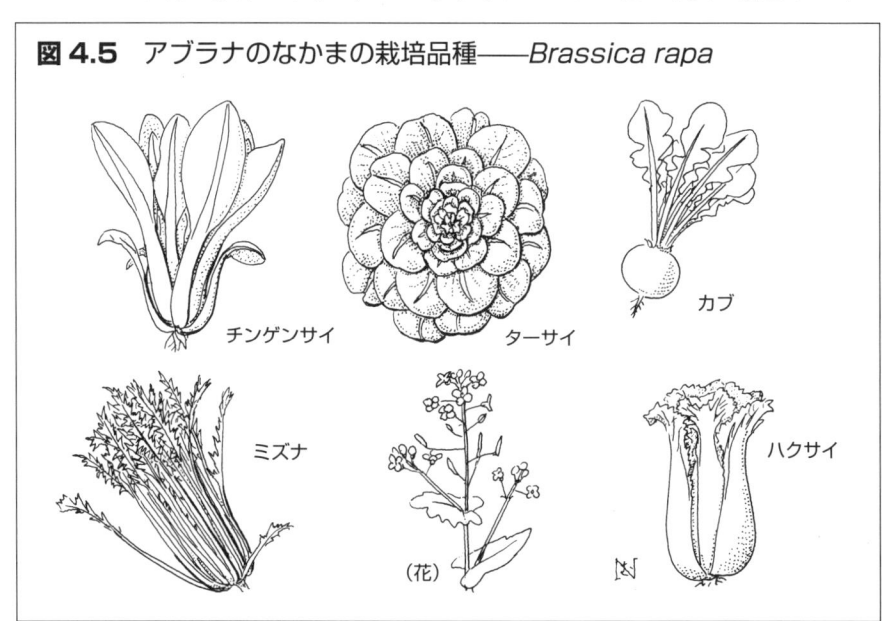

図4.5 アブラナのなかまの栽培品種——*Brassica rapa*

チンゲンサイ　ターサイ　カブ　ミズナ　（花）　ハクサイ

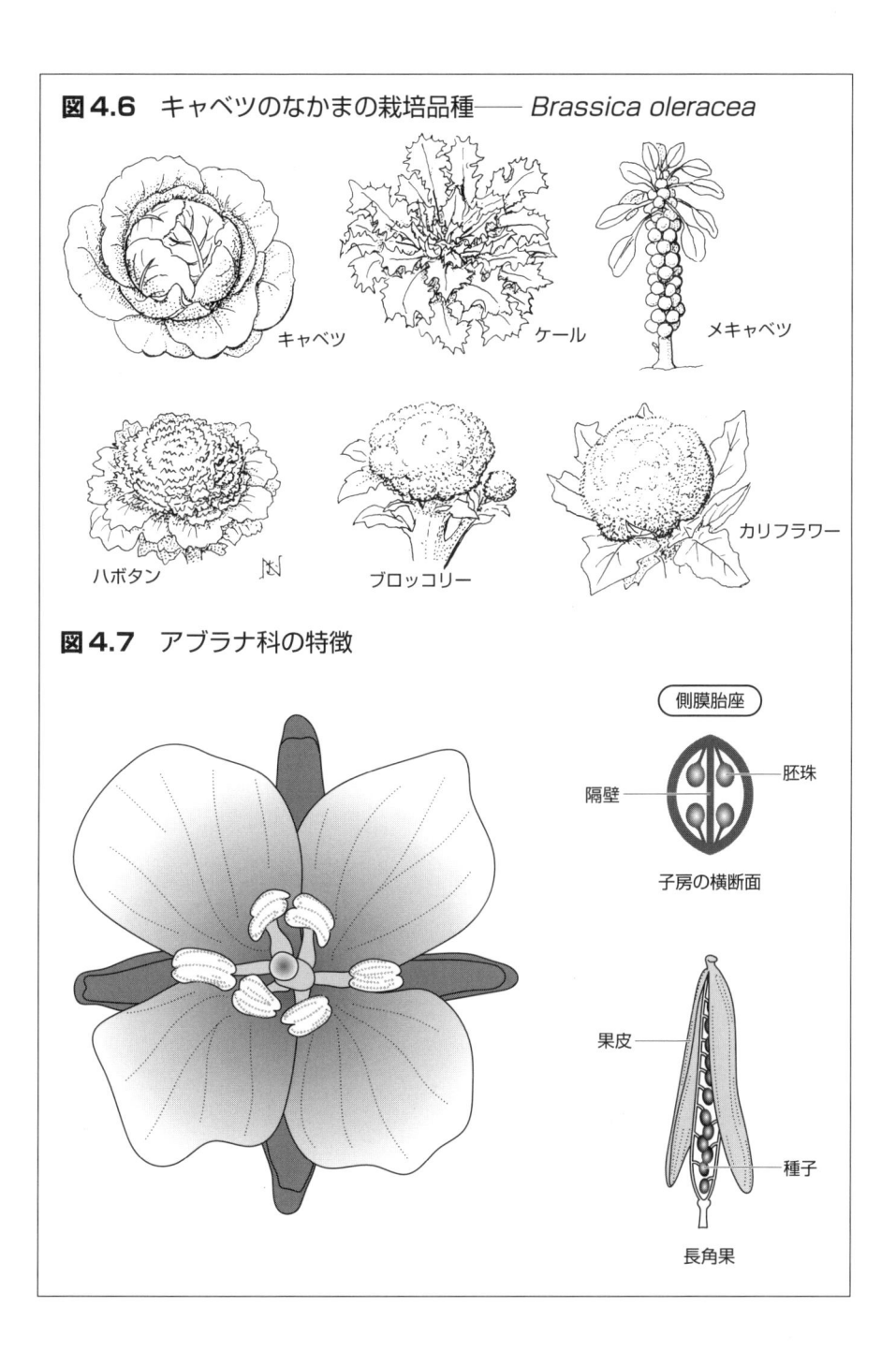

図 4.6 キャベツのなかまの栽培品種 —— *Brassica oleracea*

キャベツ　ケール　メキャベツ

ハボタン　ブロッコリー　カリフラワー

図 4.7 アブラナ科の特徴

側膜胎座

隔壁　胚珠

子房の横断面

果皮

種子

長角果

かあります（**図 4.7**）．花は4枚の花弁があり，四強雄ずいと呼ばれる，内側の4本の長い雄ずいと外側の2本の短い雄ずいがあり，花の形からすぐにアブラナ科と判断できます．

心皮は2枚があわさった合生心皮ですが，中央に膜質の隔壁がある独特の構造をしています．この隔壁は，2カ所の胎座が発達してつながってできたものと解釈されています．果実になると，果皮が心皮の縫合線から割れて，基部のほうから離れて反り返り，種子は隔壁に結合したまま残ります．この果実はアブラナ科に独特で，角果と呼ばれ，細長いものを長角果，短いものを短角果と呼びます．

4.4.6 バラ科——多様に進化した有用植物群

北半球の温帯に広く分布する大きな科で，92属2800種ほどからなります．サクラ，モモ，リンゴ，ナシ，ビワ，バラ，イチゴなど，有用な果樹や園芸上の重要な種を多く含んでいます．木本から草本までがあり，葉の形や果実の形態には多様性があります．ワレモコウ，シモツケ，ナナカマド，キイチゴなど，日本にも多くの野生種が分布しています．

葉は，サクラのように単葉のものから，バラやナナカマドのように奇数羽状複葉のものまであり，多くの場合，托葉があります（「ミニ植物図鑑」のノイバラ（p.143）を参照）．総穂花序をつくるものも，花が1つだけつくものもあります．花は五数性で，がく片，花弁ともに5枚で，10本から多数の雄ずいがあり，雌ずいは1枚から多数の心皮をもつものまであります．子房は下位から上位まであって，子房と発達した花床とがいっしょになって果実（偽果）をつくるものが多く見られます（バラやイチゴなど，**図 3.13** を参照）．

4.4.7 マメ科——細菌と共生して荒野にも進出

草本と木本の両方を含み，全世界に766属20000種ほどが分布しています．熱帯に多くの種が分布しており，バラ科と類縁性があります．ダイズやエンドウ，ソラマメなどのマメ類をはじめ，薬用や染料をとるためなど，多数の有用植物があります．根粒菌が根に共生して空気中の窒素を植物に供給するため，窒素の少ない土壌に生えることができ，その種子はタンパク質を多く含みます．ダイズが畑の肉などといわれるゆえんです．マメ科植物には乾燥に耐える種も多く，高山から砂漠まで多様な環境に適応しています．

| ミニ植物図鑑 | 被子植物・バラ科 |

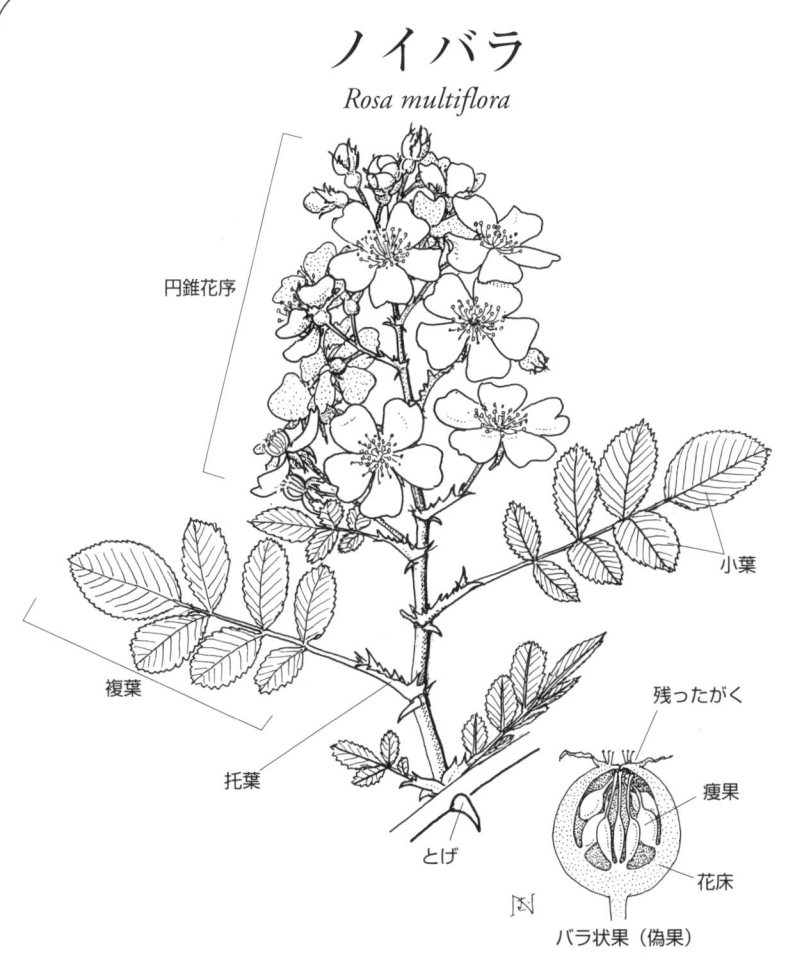

ノイバラ
Rosa multiflora

円錐花序

小葉

複葉

托葉

とげ

残ったがく

痩果

花床

バラ状果（偽果）

　日本の野生種で，19世紀にフランスに入り，園芸バラの改良にきわめて重要な役割を果たしました．朝鮮半島や中国にも分布し，高さ2mほどになる落葉低木で，ほかのものによりかかって，よじのぼります．5～6月に径2cmほどの多数の白い5弁花を円錐花序につけます．葉は奇数羽状複葉で，付け根には托葉があります．とげは茎の表皮が変化したものです．果実は，花床が肉質になって，その中に多数の痩果を包み込むバラ状果で，赤く熟し，欧米ではこの果実をヒップ（hip）と呼んでいます．日本には，このノイバラを含めて，バラ属の野生種が13種あります．

マメ科は，豆果と呼ばれる特有の果実をつける点で，簡単に他の科と区別でき，花の特徴の異なる3つの亜科に分けられます（**図4.8**）．外見上は大きく異なっていても，マメ科の花は，3つの亜科を通じて，基本的には各5枚のがく片と花弁をもつ五数性の花です．

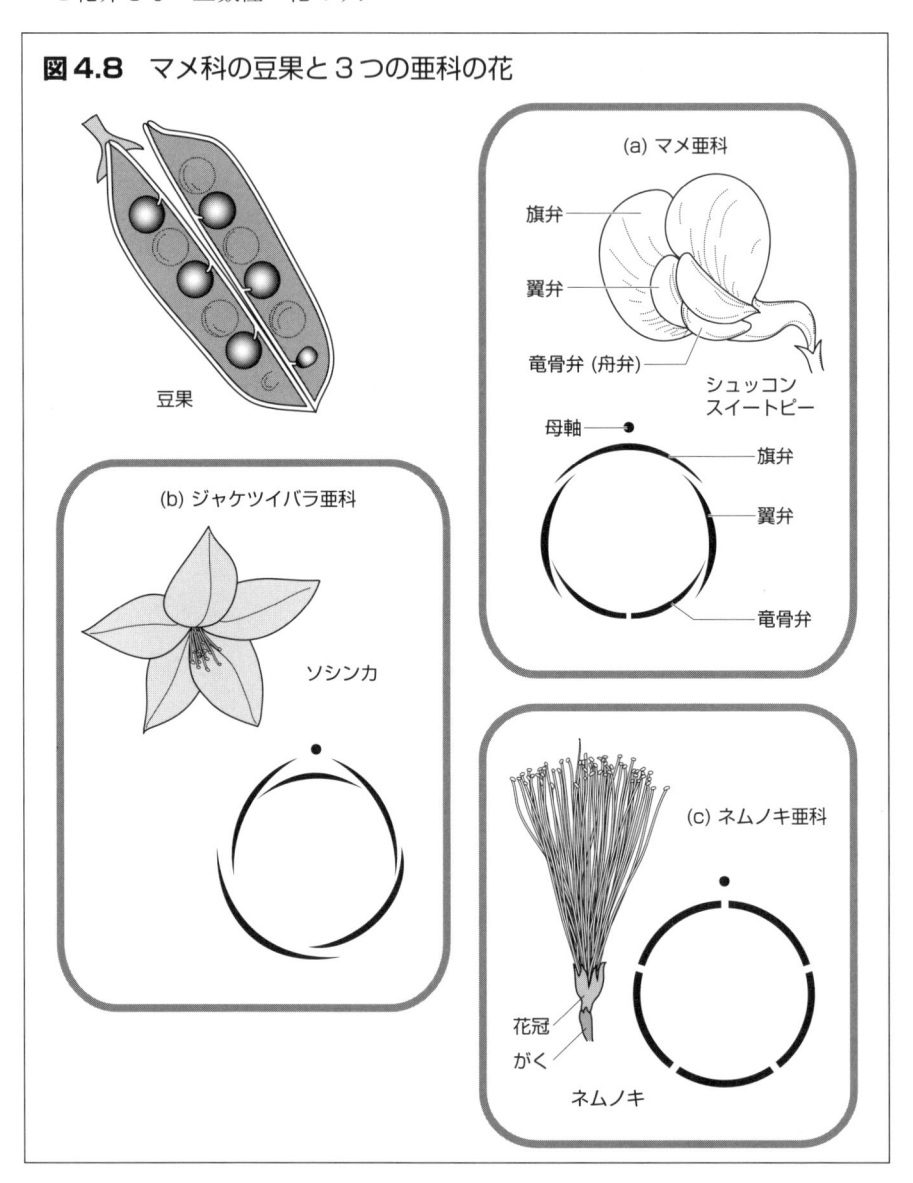

図4.8　マメ科の豆果と3つの亜科の花

豆果

(a) マメ亜科
旗弁
翼弁
竜骨弁（舟弁）
シュッコンスイートピー
母軸
旗弁
翼弁
竜骨弁

(b) ジャケツイバラ亜科
ソシンカ

(c) ネムノキ亜科
花冠
がく
ネムノキ

北半球に多く分布し，いわゆるマメ類の含まれるマメ亜科の花は左右相称で，エンドウ（「ミニ植物図鑑」，p. 44）やスイートピーのような，「蝶形花」と呼ばれる独特の形をしています（図4.8a）．いちばん外側の向軸側に旗弁があり，その内側には2枚の翼弁，さらに内側の背軸側に2枚の花弁があわさって雄ずいと雌ずいを包む竜骨弁（舟弁ともいう）があります．雄ずいは10本のうち9本が合着していて，1本だけが離れています．

　マメ科の中でも祖先的と考えられてきたジャケツイバラ亜科の花は，マメ亜科とは異なり，向軸側の旗弁に相当する花弁がいちばん内側にあり，ほかの花弁とそれほど違いがなく，花弁はかわら重ね状に重なって花全体が放射相称に近くなっています（図4.8b）．この花の形は，バラ科に近縁の植物からマメ科が進化した証拠と考えられています．熱帯アメリカ原産のハブソウや熱帯アフリカ原産とみられるタマリンドなどがあります．ハナズオウの花は，一見マメ亜科のものとよく似ていますが，ハブソウやタマリンドと同様に，旗弁は内側にあり，この亜科に分類されます．

　やはり熱帯を中心に分布するネムノキ亜科は，がく片と花弁が小さくて目立たない放射相称で，離生する多数の雄ずいをもつ花が頭状花序につき，花として目立つ部分はこの雄ずいの部分です（図4.8c）．日本に自生するネムノキや熱帯アメリカ原産のオジギソウのほか，オーストラリアやアフリカを中心に1000種以上が分布するアカシア属の植物は，園芸的にもよく利用されています．

　いずれも葉は複葉であることが多く，托葉があります．葉の付け根，小葉の付け根に葉枕と呼ばれるふくらんだ部分があって，夜は葉を閉じる就眠運動をすることもマメ科植物の特徴の一つです．

4.4.8　セリ科——花火のような花序

　全世界に広く分布し，446属3800種ほどがあります．ニンジン，セロリ，パセリ，コリアンダー，フェンネル（ウイキョウ），ミツバ，セリなど，香りの強い植物が多く，野菜や香辛料として使われます．セリ科はほとんどが草本で，花序がよく似ている木本の科であるウコギ科（ヤツデなど）とは近縁です．

　セリ科の特徴は，花火のように広がった散形花序をもつ点で，何回も分枝を繰り返して，複散形花序をつくる種も多くあります（図4.9左）．ハナウドのように花序の周辺の花の外側の花弁が発達したり，アストランティアやエリンギウムのように頭状花序をつけ，その基部にある総苞が発達したりして，花序全

図4.9 セリ科の特徴

複散形花序

分果柄
分果

双懸果
油管
稜

フェンネル
(ウイキョウ)

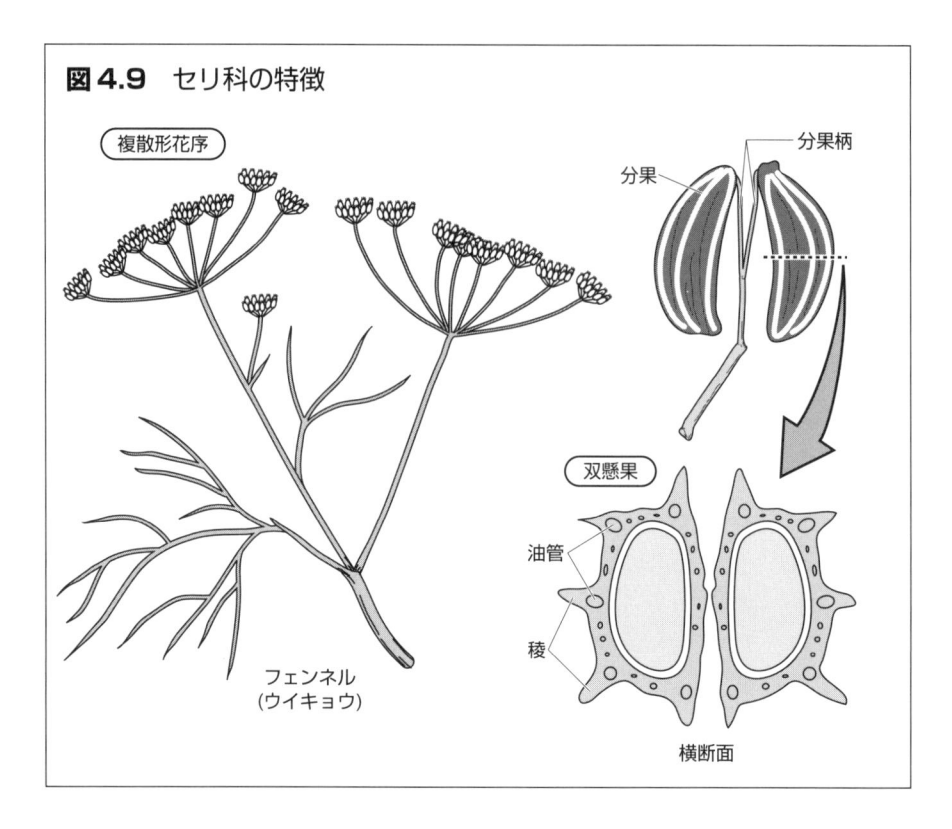

横断面

体を目立たせていることもあります．果実が熟すと2つの分果に分かれ，柄の先にぶら下がる双懸果と呼ばれる独特の果実をつけます（**図4.9右**）．

花は小さい5弁花で，がく片は小さく退化して突起状になっていて，ほとんどないものもあります．花弁と雄ずいは5個ずつあり，雌ずいには2枚の心皮が合生した下位子房があり，各室には1個の胚珠を含みます．子房は熟すと2つに分かれますが，それぞれの分果には稜や突起があって，場合によってはこれが翼となり，風にのって飛びます．稜には油管が通っており，こうした果実の特徴は属や種の分類上，重要です．

4.4.9　ゴマノハグサ科とシソ科の違い

ゴマノハグサ科とシソ科はともに，よく似た唇形花をつけます（**図4.10**）．唇形花は，花弁が合着して筒状になった合弁花冠が向軸側と背軸側の2つの部分に分かれて唇のような形に見え，それぞれを上唇，下唇と呼びます．

図 4.10　ゴマノハグサ科とシソ科の花と子房

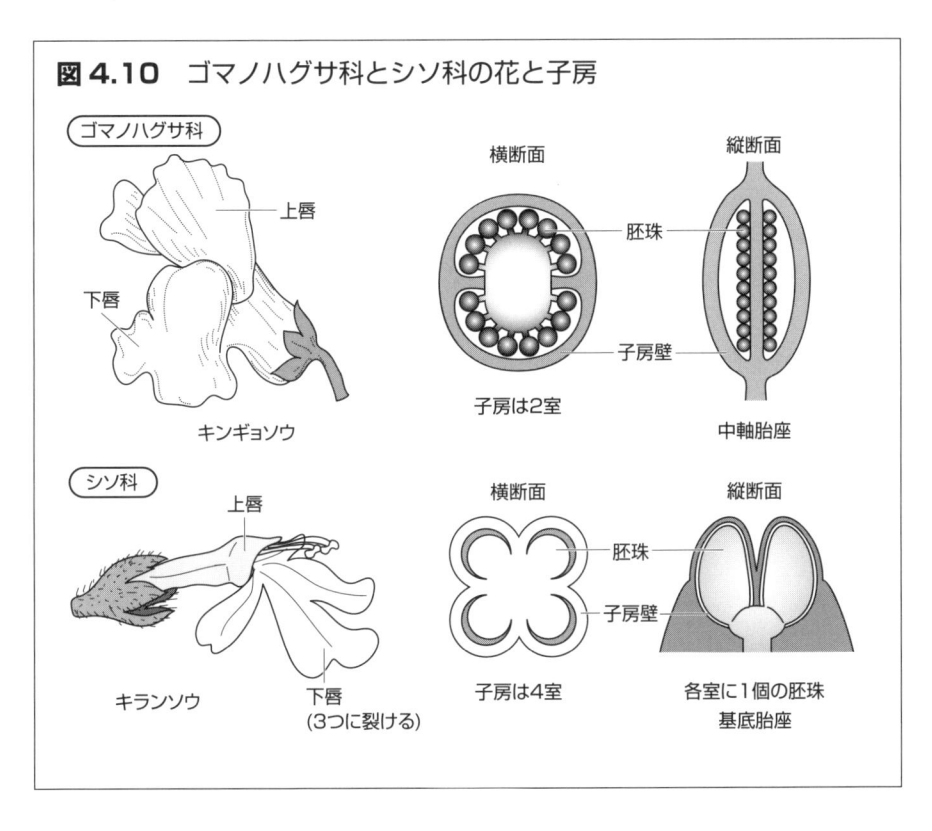

ゴマノハグサ科：キンギョソウ（上唇、下唇）、子房は2室、中軸胎座（横断面・縦断面に胚珠、子房壁）

シソ科：キランソウ（上唇、下唇（3つに裂ける））、子房は4室、各室に1個の胚珠、基底胎座（横断面・縦断面に胚珠、子房壁）

　シソ科の植物の特徴の一つは，香りが強く，ハーブやスパイスとして利用される種を多く含んでいることです．ミント，セージ，ローズマリー，タイム，ラベンダー，シソ，バジルは，いずれもシソ科の植物です．モナルダのように，花の美しい観賞用の種もあります．236属7300種ほどが地中海と中央アジアを中心に世界に分布しています．

　シソ科を見分けるもう一つの特徴は，葉が対生していて，草本の場合，茎が四角形をしていることです．ただし，木本の場合には，丸い茎をもちます．

　シソ科とゴマノハグサ科を見分ける大きな違いは，子房の形です（**図4.10**）．ゴマノハグサ科では，子房は2室で，中軸胎座に多数の胚珠がつきます．シソ科では，子房が4室で，それぞれに1個だけ胚珠を含みます．

　両科とも，本来は五数性の花で，雄ずいは5本あります．左右相称性の発達と関係して，種によっては雄ずいは退化して数が減少する傾向にあります．**図4.11**に示したように，×印のところは雄ずいが退化して，場合により仮雄ず

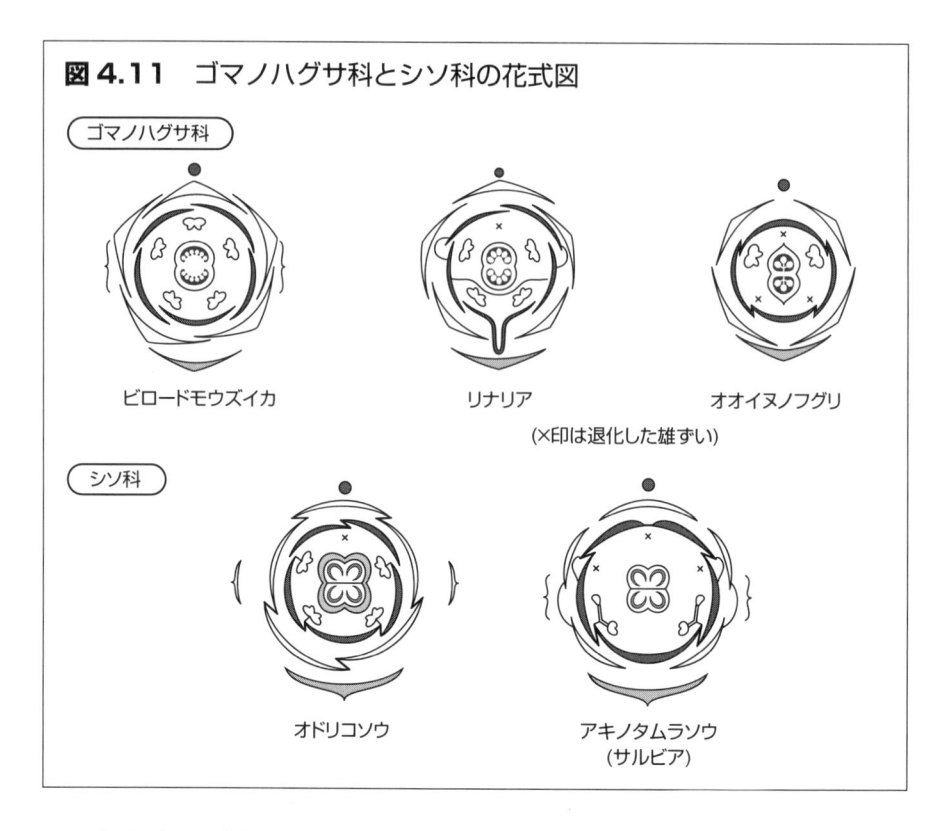

図4.11 ゴマノハグサ科とシソ科の花式図

ゴマノハグサ科

ビロードモウズイカ　　リナリア　　オオイヌノフグリ

（×印は退化した雄ずい）

シソ科

オドリコソウ　　アキノタムラソウ（サルビア）

いと呼ばれる突起になっています．このような雄ずいの退化傾向も，これらの科の特徴の一つです．

　従来のゴマノハグサ科は世界の温暖な地域に分布する大きな科でした．APG体系ではビロードモウズイカはゴマノハグサ科（59属1800種）に残り，キンギョソウやオオイヌノフグリ，クワガタソウはオオバコ科（90属1900種）に，半寄生性のシオガマギクは以前から関連性が深いと考えられていた寄生性のハマウツボ科（99属2100種）に移されました．

4.4.10　キク科──最も進化した合弁花植物

　被子植物の中でも最も大きな科の一つで，小さな花が多数集まった頭状花序（頭花）をつけるのが特徴です．1620属25000種ほどがあり，全世界に分布しています．根茎をもつ草本，低木，高木になるものもあります．多年草の種では節間が伸長せず，根出葉と呼ばれる葉を地ぎわに多数つけたロゼットの状態

ミニ植物図鑑　被子植物・キク科

ガーベラ
Gerbera jamesonii

柱頭
筒状花冠
頭状花序
舌状花冠
冠毛
子房（痩果になる部分）
筒状花（管状花）
柱頭
舌状花
花茎
冠毛
根出葉

　ガーベラは南アフリカ原産の野生種の数種をもとにつくられた園芸植物です．多年生草本で，地ぎわから葉を出します（根出葉）．植物全体に柔らかい毛があり，花茎の先に頭状花序（頭花）を1つつけます．頭花の周辺には舌状花が放射状につき，中心部には筒状花がつきます．筒状花では花冠が雌ずいを筒のように囲むのに対し，舌状花では花冠の一部が平べったく伸びて，頭花を目立たせます．果実は痩果で，頂上部に剛毛があります．園芸的に改良されたのは20世紀になってからで，八重や豊富な花色の多様な園芸品種がつくられています．

で冬を越し，やがて茎を長く伸ばして，頂端に花序や花をつけます．

　キク，コスモス，ガーベラ（「ミニ植物図鑑」，p.149），ヒマワリ，ベニバナ，ツワブキなど，栽培される種も多く，タンポポ，アザミ，ヒメジョオンなど，身近に親しまれる植物が数多くあります．ヒマワリのように油をとるほか，フキ，シュンギク，ゴボウ，レタス（チシャ），アーティチョークのように食用となる種もあります．

　頭花は，ヒマワリのように中心に筒状花（とうじょうか），周辺に舌状花（ぜつじょうか）をもつ場合と，アザミやベニバナのようにすべて筒状花からなる場合があります．果実は痩果で，がくが変化したと考えられている冠毛によって風で飛ばされたり，果実についたとげなどで動物に付着したりして，遠くまで運ばれるものもあります．

4.4.11　ユリ科——解体された大きな科

　かつてユリ科は，世界に広く分布し，288属5000種ほどの大きな科でした．食用となるネギ類（ネギ，タマネギ，ニンニク）やアスパラガスをはじめ，ユリ，スイセン，チューリップ，スズラン，ギボウシ，オモトなど，鑑賞用に栽培される多数の園芸植物があります（「ミニ植物図鑑」のササユリ（p.151））．ホトトギスやキスゲ，カタクリなど，美しい野生種も多くあります．

　これらの多くが多年草で，地下に根茎，塊茎，鱗茎などが発達します．花は放射相称で，三数性です．花被片は内外二環で，質がよく似ていて，色や形が美しいことが多く，基部で合着していることもありますが，たいていは離生しています．雄ずいは6本で，子房は3室，胚珠は中軸胎座につきます．果実は，多くは裂開する蒴果ですが，液果のこともあります．

　図鑑などでは，ユリ科から子房下位のヒガンバナやスイセンなどをヒガンバナ科として独立させている場合と，ヒガンバナ科をも含めた大きな科（広義のユリ科）として扱っている場合とがあります．さらに，分類学者によっては，多数の独立する科に分けている場合もあります．

　APG体系のユリ科は，東アジアと北アメリカに分布する15属600種余りの小さな科となり，ホトトギス，ユリ，バイモ，チューリップが含まれています．ユリ科から外れたものは，ヤマノイモ科，シュロソウ科，イヌサフラン科，ユリズイセン（アルストロメリア）科，サルトリイバラ科，ススキノキ科（ワスレグサを含む），ヒガンバナ科（ネギを含む），クサスギカズラ科（アスパラガス，リュウゼツラン，ギボウシを含む）などになります．

| ミニ植物図鑑 | 被子植物・ユリ科 |

ササユリ
Lilium japonicum

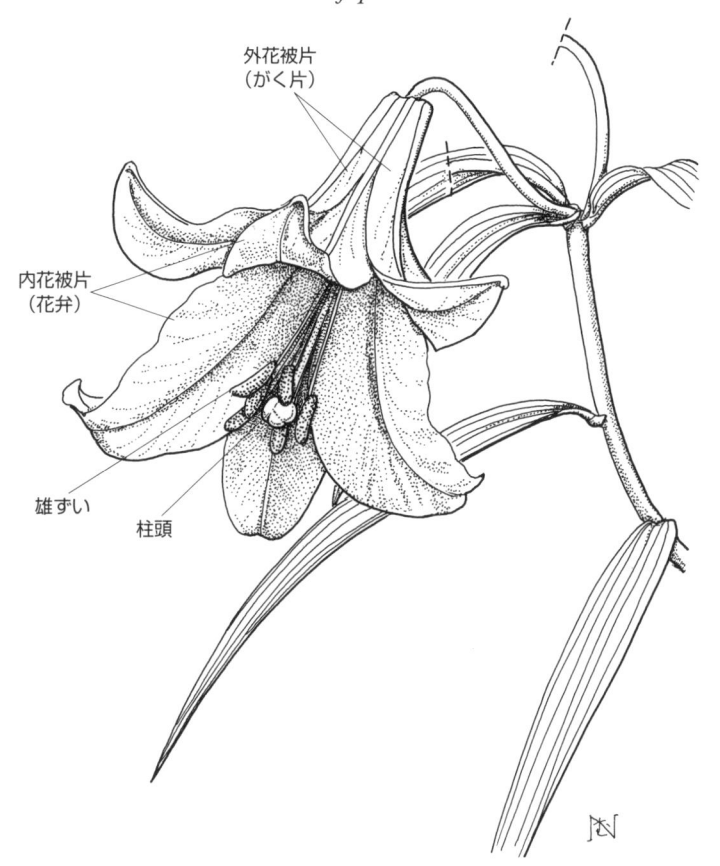

外花被片（がく片）
内花被片（花弁）
雄ずい
柱頭

　北半球の温帯を中心に100種が分布するユリ属のうち，15種が日本に自生しています．花が美しいものが多く，ササユリもその一つです．本州中部以西から九州に分布し，山地の草原に生えます．ササに似た濃緑色の光沢のある葉がつきます．花は淡紅色で径20 cmほどで，6月に咲き，ほのかな芳香があります．花被片は内花被片（花弁）と外花被片（がく片）が3枚ずつ二環につきますが，いずれも色，形ともによく似ています．三数性で，雄ずいは6本，子房は3室に分かれています．

4.4.12 イネ科——乾燥に耐え，人の役に立つ

　世界に700属11300種ほどが分布し，熱帯と温帯の半乾燥地に広く見られます．イネ，コムギ，トウモロコシなど，人類の食生活にとって重要な作物が含まれます．穀物として重要なばかりでなく，酒の原料としても使われ，ほかにも砂糖をとるためのサトウキビ，飼料や牧草など，多様な用途に使われています．芝生に植えるシバ，水辺に生えるヨシ，ネコジャラシの名で親しまれ，アワの原種でもあるエノコログサ，秋の七草の一つの「尾花」として親しまれているススキなど，あげればきりがありません．なお，タケ・ササの類は，タケ亜科としてイネ科に含められます．

　地下茎やほふくする茎が発達していることが多く，葉は細長く，「稈（かん）」と呼ばれる茎のまわりを筒状に取り巻いてつきます．たいてい稈は中空になっています．葉の基部の筒状になっている部分を「葉鞘（ようしょう）」と呼びます（**図4.12右下**）．葉身と葉鞘との間に「小舌（しょうぜつ）」と呼ばれる構造があり，毛のようになっている場合や膜質の場合などがあります．稈はタケのように何年も生き続けることもあります．タケなどの稈に典型に見られる節は，稈鞘（かんしょう）と呼ばれる葉が落ちた跡で，タケノコの「皮」と呼んでいるものは稈鞘にあたります．

　イネ科の花は「小穂（しょうすい）」と呼ばれる花序をつくり（**図4.12左上**），小穂がさらに集まって穂をつくります．イネ科の花序や花の苞葉は「穎（えい）」と呼ばれます．模式図に示したように，小穂の軸は小軸と呼ばれ，たとえば小穂を抱く蓋葉，すなわち花序を抱く苞葉は「第一包穎」と呼ばれ，小軸につく最初の葉（前出葉）は「第二包穎」と呼ばれます．小軸には，花が複数ついていることが多く，一つ一つの花を「小花」と呼びます（**図4.12右上**）．小軸につく小花は，1個に退化している場合もあります．

　小花は，模式図に示したように，小軸につく「外穎（護穎とも呼び，苞葉にあたる葉）」と「内穎（前出葉にあたる葉）」に包まれており，「鱗被（りんぴ）」と呼ばれる花被と，雄ずい，雌ずいからなります．イネ科の花は三数性で，雄ずいは3または6本，雌ずいは1個で柱頭は2つに分かれます．外穎などには，「のぎ」と呼ばれる突起がついていることがあります．

　実際の例として，**図4.12左下**に多数の小花がつくスズメガヤの小穂を示しました．コムギでは小穂につく小花の数は4個，ライムギでは2個，オオムギでは1個に減っています．イネでは，さらに包穎も退化して，小花は1個です（「ミ

図4.12　イネ科の特徴

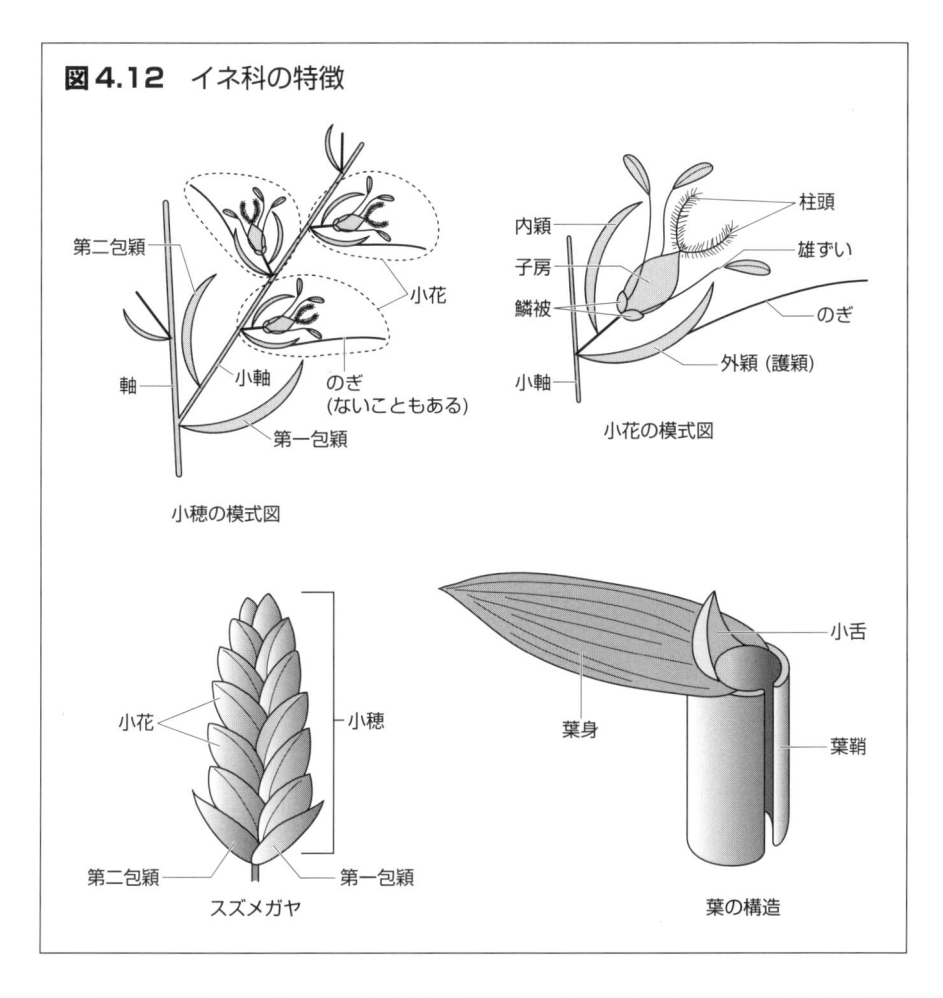

第二包穎／小花／軸／小軸／のぎ（ないこともある）／第一包穎
小穂の模式図

柱頭／雄ずい／のぎ／外穎（護穎）／内穎／子房／鱗被／小軸
小花の模式図

小花／小穂／第二包穎／第一包穎
スズメガヤ

小舌／葉身／葉鞘
葉の構造

ニ植物図鑑」, p. 59). カラスムギのように, 小花が2個で包穎が大きく, 小花を中に隠しているような場合もあります. 果実は, 穎によって包まれているため,「穎果」と呼ばれます. 種子は豊富な栄養を内乳に蓄えます.

イネ科とカヤツリグサ科は外見が似ていますが, イネ科の茎の断面が丸いのに対して, カヤツリグサ科では断面が三角形であることによって区別できます.

4.4.13　サトイモ科──仏炎苞が特徴的

熱帯で, 重要な作物であるタロイモや, タロイモの一種で私たちに身近なサトイモ, コンニャク, 観葉植物として栽培されるフィロデンドロンやモンステ

図4.13 サトイモ科の特徴

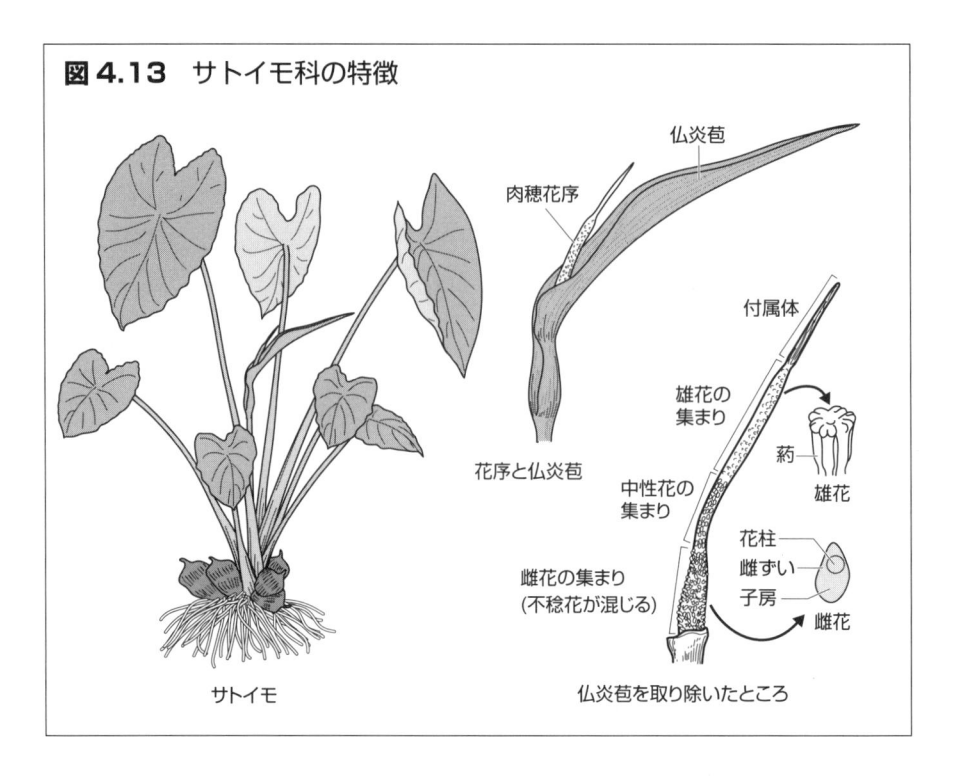

ラ，花を楽しむカラー，アンスリウムなど，多くの栽培される植物があります．144属3600種ほどが，おもに熱帯および亜熱帯地域に分布しています．

　花は，「仏炎苞」と呼ばれる大型の苞に包まれた肉穂花序（花序軸が太く肥大した穂状花序）に多数つくのが特徴です（**図4.13**）．花序軸の先のほうには雄ずいや雌ずいをもつ花がつかない部分があり，「付属体」と呼ばれています．花は花被片があり雄ずいと雌ずいのある花をもつもの（ミズバショウ）もあれば，先のほうに雄ずいだけの雄花，中間に中性花，基部のほうに雌ずいだけの雌花をつける場合（サトイモ，**図4.13**），雄株と雌株がある場合（テンナンショウ）などがあります．果実は液果で，熟すと赤くなります．

4.5　植物の学名と命名法

　学名とは，国際的な規則（国際命名規約）によってつけられる生物学上の名

前です.植物の国際命名規約は,1753年にリンネが著した『*Species Plantarum*(植物の種)』を出発点としています.

　生物の学名が2つの部分からできていることから,リンネ式の学名のつけ方は「二名法」と呼ばれています.種の学名とその記載(植物の特徴に関する記述)は,ラテン語で書かれます.まず,共通の特徴を多くもつ植物群に属名をつけ,そのあとにその種を形容する言葉をつけて,種を表します.この,あとのほうの言葉は,形容詞であることが多く,そのため属名の性や格によって変化します.

　命名の際には,その種の記載がともなっていなければなりませんし,基準となる標本を定めなければならないなど,細かな規則が多くあります.この規則は国際命名会議によって,6年ごとに改訂されています.

　学名の表記には規則によって決められているもののほかに,慣習に従って行われているものがあります.学名の表記について最低知っておいたほうがよいと思われる内容を**図4.14**にまとめました.さきほど述べたように,学名は2つの部分からなり,属名と種小名と呼びます.ノイバラを表す学名,*Rosa multiflora*の場合には,*Rosa*がバラ属を表す属名であり,*multiflora*が種小名です.*Rosa*はバラそのものを表すラテン語,*multiflora*は「たくさんの花をつける」という意味のラテン語の形容詞です(**図4.14**).

　学名のあとに,命名者の名前を付している場合があります.命名者名は省略形で表すことが多く,リンネは「L.」,ド・カンドルは「DC.」などと,慣習で省略のしかたが決まっています.ちなみに,日本の植物を研究したスウェーデンのツュンベルク(Carl Peter Thunberg)は「Thunb.」,ドイツのシーボルト(Philipp Franz von Siebold)とツッカリーニ(Joseph Gerhard Zuccarini)は「Siebold & Zucc.」などと表記されます.

　慣習として,文章の中で学名を際だたせるために,学名をイタリック(斜体字)やボールド(太字)で表記することが多く行われています.この場合に,命名者名は学名の一部ではないので,斜体字や太字にはしません.種の学名は,あくまで属名と種小名の部分に限られます.なお,分類学の論文以外では,命名者名は省略してもよいことになっています.命名者名のあとに「ex ～」というふうに,別の人名が記されている場合,これは記載者を示し,もとの命名は記載をともなっていなかったことがわかります.

　種より下位の分類階級として,亜種,変種,品種などを設けることがあり,

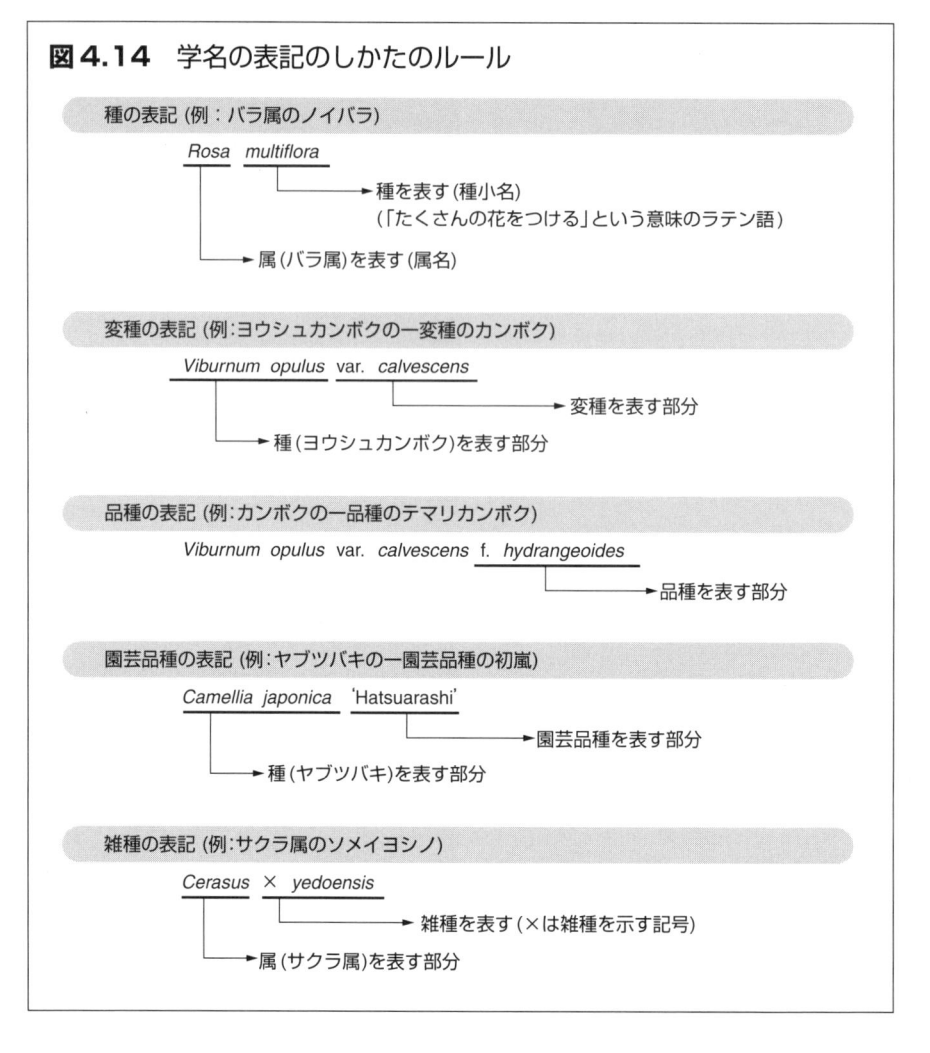

図 4.14 学名の表記のしかたのルール

種の表記（例：バラ属のノイバラ）

Rosa multiflora
- *multiflora* → 種を表す（種小名）（「たくさんの花をつける」という意味のラテン語）
- *Rosa* → 属（バラ属）を表す（属名）

変種の表記（例：ヨウシュカンボクの一変種のカンボク）

Viburnum opulus var. *calvescens*
- var. *calvescens* → 変種を表す部分
- *Viburnum opulus* → 種（ヨウシュカンボク）を表す部分

品種の表記（例：カンボクの一品種のテマリカンボク）

Viburnum opulus var. *calvescens* f. *hydrangeoides*
- f. *hydrangeoides* → 品種を表す部分

園芸品種の表記（例：ヤブツバキの一園芸品種の初嵐）

Camellia japonica 'Hatsuarashi'
- 'Hatsuarashi' → 園芸品種を表す部分
- *Camellia japonica* → 種（ヤブツバキ）を表す部分

雑種の表記（例：サクラ属のソメイヨシノ）

Cerasus × *yedoensis*
- × *yedoensis* → 雑種を表す（×は雑種を示す記号）
- *Cerasus* → 属（サクラ属）を表す部分

それぞれを表す名の前に略号をつけて表記します（**図4.14**，**表4.4**）．このときも，階級を示す略号は斜体字にはしません．

なお，園芸品種（栽培品種）の場合は，園芸品種名の前に cv. をつけて示したり，種名または属名のあとに園芸品種名をコーテーション（' '）に入れて表記します．植物学上の品種（forma）と園芸品種は，まったく概念が異なるものなので，混同しないようにします．

表4.4 種より下位の分類階級とその略号

分類階級	英語	ラテン語	略号
亜種	subspecies	subspecies	ssp.または subsp.
変種	variety	varietus	var.
品種	form	forma	f.または form.
園芸品種（栽培品種）	cultivar	cultivar	cv.またはコーテーションで囲む

4.6 タイプ標本とハーバリウム

　新種の植物に学名をつける際には，基準となる唯一の標本を定めなければなりません．この標本を「タイプ標本（基準標本）」といいます．タイプ標本は，国際的に利用可能な公の「ハーバリウム（植物標本館）」に納められ，永久に保存することが義務づけられます．タイプ標本はそれぞれの学名の基準となる標本であり，分類学上の正しい学名を決めるために常に参照され，のちの研究に欠かせないものです．

　ハーバリウムは，植物の標本を収蔵する役割をもちます．植物の標本はおもにおし葉標本で，植物を吸い取り紙（実際は新聞紙など）の間にはさみ，重しをかけて平らにし，乾燥させてから厚手の台紙に貼りつけます．標本には必ずラベルを付け，採集地，採集年月日，採集者などを記します．これらは情報として重要なだけでなく，論文などに標本を引用するとき，標本を特定する手がかりとなるので，たいへん重要です．

　ハーバリウムに収蔵されている標本は，分類学者が研究に用いた標本に限りません．地域のフロラ（植物相）研究のために収集された標本や，生態学的な研究のために採集された標本なども，「証拠標本（voucher）」として残しておくことで将来役に立ちます．証拠標本をきちんと残しておかないと，価値ある研究も，種を正確に同定できず，無に帰してしまうケースもありうるのです．ハーバリウムに標本を集積していくことにより，一人では集められない広い地域の植物の研究を行うことが可能になります．

　ハーバリウムに収蔵される標本は，おし葉標本だけではありません．アルコール漬け標本（液浸標本と呼ぶ．腐りやすい構造や，花などの繊細な構造を，

そのままの形で保存したい場合）などがあります．そして，これらの標本をデータベース化し，世界中から検索可能にするため，ハーバリウムにコンピュータは欠かせない存在になっています．

　ハーバリウムに対して，生きた植物を収集，維持しているのが植物園です．東京の小石川にある東京大学の植物園（大学院理学系研究科附属）をはじめ，美しい庭園をそなえた植物園は，人々の憩いの場にもなり，植物を栽培して直接観察できるので，植物の発生過程や生理学的側面の研究が可能になります．さらに，近年は野生植物の保全に関して，植物園が重要な役割を果たすようになってきています．世界的に有名なものとしては，イギリスのキュー王立植物園や，アメリカのミズーリ植物園があります．これらはハーバリウムと植物園の両方をそなえ，両者が両輪となって，植物の研究を支えています．

参 考 文 献

アーネスト・M・ギフォード，エイドリアンス・S・フォスター（2002）維管束植物の形態と進化（長谷部光泰ほか監訳），文一総合出版［原書：Gifford, E. M., Foster, A. S.（1989）*Morphology and Evolution of Vascular Plants*, 3rd ed., W. H. Freeman and Company］．
岩槻邦男ほか監修（1994～1997）週刊朝日百科 植物の世界（全145巻），朝日新聞社．
岩槻邦男，馬渡峻輔監修，加藤雅啓編（1997）植物の多様性と系統，裳華房．
大森正之，渡辺雄一郎編（2001）新しい植物生命科学，講談社．
長田武正（1989）日本イネ科植物図譜，平凡社．
熊沢正夫（1979）植物器官学，裳華房．
佐竹義輔（1964）植物の分類，第一法規出版．
佐竹義輔ほか編（1981～2001）日本の野生植物（全7巻），平凡社．
清水建美（2001）図説 植物用語事典，八坂書房．
塚本洋太郎総監修，青葉 高ほか編（1988～1990）園芸植物大事典（全6巻），小学館．
戸部 博（1994）植物自然史，朝倉書店．
濱 健夫（1958）植物形態学，コロナ社．
原 襄（1981）植物のかたち，培風館．
原 襄，福田泰二，西野栄正（1986）植物観察入門，培風館．
原 襄（1994）植物形態学，朝倉書店．
マイケル・タインほか編（1999）現代生物科学辞典（太田次郎監訳），講談社．
文部省，日本植物学会編（1990）学術用語集 植物学編（増訂版），丸善．
Bell, A. D.（1991）*Plant Form: An Illustrated Guide to Flowering Plant Morphology*, Oxford University Press.
Bowes, B. G.（1996）*A Colour Atlas of Plant Structure*, Manson Publishing.
Capon, B.（1990）*Botany for Gardeners: An Introduction and Guide*, Timber Press.
Dahlgren, R. M., Clifford, H. T.（1982）*The Monocotyledons: A Comparative Study*, Academic Press.
Gibbons, B.（1990）*The Secret Life of Flowers*, Blandford.
Hickey, M., King, C.（2000）*The Cambridge Illustrated Glossary of Botanical Terms*, Cambridge University Press.
Jeffrey, C.（1982）*An Introduction to Plant Taxonomy*, 2nd ed., Cambridge University Press.
Judd, W. S., Campbell, C. S., Kellogg, E. A., Stevens, P. F.（2002）*Plant Systematics: A Phylogenetic Approach*, 2nd ed., Sinauer Associates.
Mabberley, D. J.（1997）*The Plant-Book*, 2nd ed., Cambridge University Press.
Raven, P. H., Evert, R. F., Eichhorn, S. E.（1999）*Biology of Plants*, 6th ed., W. H. Freeman and Company/Worth Publishers.
Stearn, W. T.（1992）*Botanical Latin*, 4th ed., David & Charles Publishers.
Weberling, F.（1989）*Morphology of Flowers and Inflorescences*（translated by Pankhurst, R. J.），Cambridge University Press.

事項索引

ア

亜種　155
アスパラギン酸　61
亜低木　36
アデノシン三リン酸　56
アブシジン酸　72
アリ植物　68
暗呼吸　60
暗反応　56
維管束　10, 26, 28, 34, 50, 58
維管束形成層　39, 41
維管束鞘　61
維管束植物　126
イチゴ状果　96, 102
イチジク状果　99
一次篩部　39, 41
一次成長　43
一次分枝　80
一次壁　34
一次木部　39, 41
一年生　41
一倍体　109
いも　18
羽状複葉　26
羽片　26
ウリ状果　96
穎　101, 152
穎果　101, 153
栄養体　120
栄養繁殖　120
液果　96
腋芽　5, 16, 120
腋生　5, 78
液胞　65
エチレン　72, 75
沿下　23
エングラー　129
園芸品種　156
円錐花序　80
縁辺胎座　94
雄株　119
オキサロ酢酸　61, 65
オーキシン　70, 72, 75
おしべ　90

カ

科　129
外穎　152
塊茎　20
塊根　14, 18
塊状根　14, 18
回旋運動　72
回旋状　89
下位瘦果　99
外皮　11
海綿状組織　28
蓋葉　5, 82
花冠　84
核　100
がく　84, 86
角果　97, 98, 101
核果　96, 100, 103
核相　109
殻斗　100, 134
隔壁　90
がく片　84
学名　128, 155
仮根　109
花糸　90
花式図　88
仮軸分枝　17, 78
果実　95
仮種皮　103
花序　78
花床　84
花序軸　80
下唇　146
花成ホルモン　75
花托　84
カタツムリ形花序　80
片巻き状　89
花柱　90
合着　84
仮道管　127
芽内形態　89
下胚軸　105
花被　85
果皮　95
花被片　85, 86
花粉　112, 115
花粉管　115
花粉管核　115
花粉嚢　127
花弁　84
仮雄ずい　147

花葉　6
カラシ油配糖体　140
芽鱗　29, 41
芽鱗痕　41
カルビン回路　56
カルビン・ベンソン回路　56
カロチン　48
かわら重ね状　89, 145
稈　152
乾果　96
稈鞘　17, 152
管状花　149
キイチゴ状果　103
偽果　95, 142
偽球茎　18
菊果　99
気孔　28, 48, 65
気根　13
キサントフィル　48
基準標本　157
奇数羽状複葉　26
寄生根　12
旗弁　145
球花　127
球果　128
球果植物　127
球茎　18, 123
球根　18, 123
休眠芽　41
距　138
極核　117
鋸歯　21
偽鱗茎　18
菌栄養　104
菌根　68
菌類　126
空気間隙　10, 48
偶数羽状複葉　26
クエン酸回路　61
クチクラ　8, 28, 33, 49
屈曲膝根　12
屈光性　70
屈地性　70
グラナ　48
クランツ構造　61
グリシン　60
グリセリン酸　60
グリセルアルデヒドリン酸　58
グルコース　56
クレブス回路　61

クロロフィル　48, 56
クローン　123
クロンキスト　129
形成層　34
茎葉　30
堅果　97, 98, 100, 134
限界暗期　74
減数分裂　106, 112, 115
綱　129
光化学反応　56
厚角細胞　34
光合成　46, 47, 55
光呼吸　60
向軸側　22, 88
向軸面　22
光周性　73
高出葉　30
合生　84
後生花被亜綱　130
合生心皮　92
合弁花類　130
孔辺細胞　49
高木　36
護穎　152
呼吸根　12
国際命名規約　154
コケ植物　106, 109, 126
五数性　130, 136, 142, 144, 147
互生　23
古生花被亜綱　130
コルク形成層　40, 43
コルク層　40
コルク皮層　40
根冠　8
根茎　6, 120
根出葉　30, 148
根被　13
根毛　7, 52
根粒　14
根粒菌　14, 68, 142

サ

材　37
サイトカイニン　72
栽培品種　156
細胞間隙　10, 28, 48
細胞壁　10, 34, 37, 40, 49, 50, 52, 75
細胞膜　50
萌　112

蒴果　96, 98, 100
柵状組織　28
サソリ形花序　80
左右相称　88, 145
散形花序　80, 145
三溝性花粉　132
三出複葉　26
三出葉　26
三数性　86, 138, 150, 152
散房花序　80
自家受粉　119
自家不和合性　119
敷石状　89
四強雄ずい　142
支持組織　34
雌ずい　84
雌ずい群　84
雌性配偶体　112, 117
雌性胞子嚢穂　127
シダ植物　106, 126
支柱根　11
室　90
膝曲根　12
篩部（師部）　10, 34, 50
ジベレリン　72, 75
子房　90
子房下位　95
子房周位　95
子房上位　95
子房壁　90
射出髄　39
種　128
種衣　103
集合果　98, 99
秋材　39
集散花序　79
収縮根　123
柔組織　10
周乳　103, 117
周皮　40, 43
重複受精　117
舟弁　145
就眠運動　70, 145
重力屈性　70
主幹　36
珠孔　115
主根　6, 20
種子　95, 103
種子植物　126
種小名　155
珠心　117

受精　109, 112, 117
シュート　15
シュート系　78
珠皮　117
種皮　103, 117
受粉　113
主脈　26
春化　75
春材　39
子葉　5, 105
小羽片　26
小花　152
漿果　96, 100
小核果　103
証拠標本　157
蒸散　49, 55
小軸　152
子葉鞘　106
掌状脈　27
上唇　146
小穂　152
小舌　152
上胚軸　105
消費者　46
小苞　82
小胞子　117
小葉　25
食虫植物　29, 31, 73
植物標本館　157
植物ホルモン　70
ショ糖　58
自律運動　72
仁　100
真果　95
唇形花　146
心材　39
真正双子葉植物　132
伸長成長　73
伸長帯　9
浸透圧　51
心皮　92
針葉樹　127
髄　10
穂状花序　79
数性　86
スクロース　58
ストロマ　48, 56, 58
ストロマチラコイド　48
スベリン　10, 40
生活史　106, 119
精細胞　115

生産者　46
精子　109, 112
成長運動　70, 73
石果　100
世代交代　109
節　5
節果　98
節間　5
接合子　109, 112
舌状花　150
セリン　60
セルロース　50, 52, 75
前形成層　41
前出葉　30, 82
染色体　109, 117
前葉　30, 82
前葉体　109
セン類　110
痩果　97, 98, 99, 150
総花柄　80
双懸果　146
走出枝　120
総状花序　78, 79
双子葉植物　5, 34, 130
総穂花序　78
造精器　109, 112
総苞　82, 134, 145
総苞片　82
草本　36
造卵器　109, 112
藻類　126
属　128
側芽　5
側方　22
側膜胎座　93
側脈　26
属名　155
組織培養　124
側根　6, 10

タ

袋果　96, 98, 99
胎座　93
胎座型　93
代謝　67
対生　23
タイプ標本　157
大胞子　117
タイ類　111
ダーウィン　129
托葉　27, 134, 138, 142, 145

托葉痕　27, 138
多肉　65
多肉化　29
多肉植物　64
多年生　41
多年生植物　75
単果　98
単花被　86, 130
単軸分枝　17, 78
短日植物　73
単出集散花序　80
単子葉植物　5, 34, 130
単相体　109, 110, 119
単面葉　22
単葉　24
地衣類　126
地下茎　6
窒素固定　14
着生　13
中央細胞　117
中軸胎座　93, 147, 150
中心柱　10, 33
中性植物　73
柱頭　90
虫媒　113
中胚軸　106
中肋　26
頂芽　5
蝶形花　145
長日植物　73
頂生　5, 78
頂端分裂組織　9, 15
鳥媒　113
貯蔵根　7, 14
直根系　6
チラコイド　48, 56
低出葉　29
低木　36
デンプン　58
豆果　96, 98, 101, 144
頭花　81, 148
冬芽　41
道管　53
道管要素　53
筒状花　150
頭状花序　81, 145, 148
ド・カンドル　129
特立中央胎座　94
独立中央胎座　94, 136
とげ　23, 27, 29
ドロッパー　123

ナ

内穎　152
内鞘　10, 43
内乳　103, 117
内皮　10, 34, 43, 52
ナシ状果　96, 103
二回三出複葉　26
二価染色体　112
肉芽　122
肉穂花序　154
二次篩部　39, 43
二次成長　43
二次肥大成長　39, 41
二次分枝　80
二次壁　37
二次木部　39, 43
二出集散花序　80, 136
二数性　86
二年生植物　75
二倍体　109
二名法　128, 155
二列互生　24
のぎ　152

ハ

胚　103, 117
配偶子　109, 112
配偶体　109, 112
胚軸　5, 20, 105
背軸側　22, 88
背軸面　22
胚珠　90
胚乳　103
胚嚢　115
胚嚢細胞　115
胚嚢母細胞　115
胚盤　106
背腹性　22
背面　22
ハッチ・スラック回路　60
花　84
ハーバリウム　157
バラ果　103
板根　12
光屈性　70
光呼吸　60
ひげ根系　6
ひこばえ　122
被子植物　5, 112, 126, 128
尾状花序　79, 134

尾状花序群　130
皮層　10, 33, 43, 52
皮目　40, 43
表皮　33
表皮細胞　8, 52
表皮組織　28
ピルビン酸　62
非裂開果　98
品種　155
風媒　113
複花序　80
覆瓦状　89
複合果　99
複合花序　80
複散形花序　145
複相体　109, 119
腹面　22
複葉　24
付着根　12
普通葉　5
仏炎苞　154
フッカー　129
不定芽　120, 122
不定根　7, 120
ブドウ糖　56
冬芽　41
分果　98, 146
分離果　98
分類階級　129, 155
閉果　98
平行脈　26
ペクチン　75
ベタレイン色素　130, 136
ベッシー　129
ペルオキシソーム　60
辺縁胎座　94
ベンケイソウ型有機酸代謝　65
辺材　39
ベンサム　129
変種　155
苞　6, 82
膨圧　51
膨圧運動　70
縫合線　92
胞子　106, 110, 112
胞子体　109, 112
胞子嚢群　106
放射相称　86, 145
放射組織　39, 43
包膜　106

苞葉　6, 30, 82
ホスホエノールピルビン酸　61
ホスホグリコール酸　60
ホスホグリセリン酸　57
ホスホグリセルアルデヒド　58

マ

巻きひげ　27
ミカン状果　96
ミトコンドリア　60
むかご　20, 122
無限花序　81
無性芽　120
無性生殖　109, 120
無胚乳種子　103
無弁花類　130
無融合生殖　119
明反応　56
命名者　155
命名法　128
雌株　119
めしべ　90
網状脈　26
目　129
木化　23, 27, 36
木部　10, 34, 50, 53
木本　36
木本性双子葉植物　37, 41

ヤ

薬　90
薬室　90
有限花序　81
有糸分裂　109, 112
雄ずい　84
雄ずい群　84
有性生殖　109, 120
雄性配偶体　112, 117
雄性胞子嚢穂　127
葉腋　5, 16
葉原基　15
幼根　5
葉痕　41
葉序　24
葉鞘　23, 152
葉状茎　32
葉身　21
葉枕　70, 72, 145
葉肉細胞　54

葉肉組織　28
葉柄　21
葉脈　26, 50, 54
幼葉鞘　106
葉緑素　48
葉緑体　48, 56
翼果　97, 98, 101
翼弁　145

ラ

落葉　75
裸子植物　126, 127
卵細胞　109, 112
ランナー　120
陸上植物　106, 126
リグニン　37
離生　84
離生心皮　92
離層　75
リブロースビスリン酸　56
離弁花類　130
竜骨弁　145
鱗茎　18, 123
リンゴ酸　61, 65
輪生　24
リンネ　128
鱗被　152
鱗片葉　5, 18, 29, 41
ルートサッカー　122
ルビスコ　57, 60
裂開果　98
ロゼット　75, 148

欧文

APG体系　132
ATP　56
C_3回路　58
C_3植物　61
C_4回路　60
C_4植物　60
CAM植物　65
NADP　56
NADPH　56
PEP　61
PEPカルボキシラーゼ　61
PGA　57, 60
PGAL　58
RuBP　56, 60
RuBPカルボキシラーゼ/オキシゲナーゼ　57
TCA回路　61

植物名索引

ア

アオイ科 Malvaceae 90, 130
アオキ Aucuba japonica 84
アオギリ Firmiana simplex 98
アカガシ Quercus acuta 134
アカザ科 Chenopodiaceae 86, 87, 130, 132, 136
アカシア Acacia 27, 145
アカネ科 Rubiaceae 24, 27, 130
アカバナ科 Onagraceae 130
アキノタムラソウ Salvia japonica 148
アサガオ Ipomoea nil 82, 96, 98, 100
アザミ Cirsium 150
アジサイ科 Hydrangeaceae 132
アストランティア Astrantia 145
アスパラガス Asparagus officinalis 32, 150
アーティチョーク Cynara scolymus 150
アブラナ Brassica rapa var. oleifera 97, 98, 101, 140
アブラナ科 Brassicaceae (Cruciferae) 86, 92, 101, 130, 140 〜 142
アヤメ Iris sanguinea 24, 26, 82
アヤメ科 Iridaceae 85, 130
アロエ Aloe arborescens 65
アンスリウム Anthurium 154
イグサ Juncus 93
イソエテス Isoetes 67
イチゴ Fragaria × ananassa 36, 74, 84, 95, 96, 98, 101, 102, 120, 142
イチジク Ficus carica 99
イチョウ Ginkgo biloba 127
イチリンソウ Anemone nikoensis 137
イヌワラビ Athyrium

niponicum 26, 108
イネ Oryza sativa 6, 26, 59, 62, 101, 103, 106, 152
イネ科 Poaceae（Gramineae） 23, 59, 62, 82, 101, 103, 106, 113, 130, 152, 153
イノコズチ Achyranthes japonica 79
イラクサ科 Urticaceae 130
イワデンダ科 Woodsiaceae 108
インゲン Phaseolus vulgaris 14, 96 〜 98, 104
ウイキョウ Foeniculum vulgare 145, 146
ウェルウィッチア Welwitschia mirabilis 66
ウコギ科 Araliaceae 145
ウチワサボテン Opuntia ficus-indica 63, 85
ウツボカズラ Nepenthes 29, 31
ウツボカズラ科 Nepenthaceae 31
ウバメガシ Quercus phyllyraeoides 134
ウメ Armeniaca mume 100, 103
ウラジロ Diplopterygium glaucum 26
ウラハグサ Hakonechloa macra 22
ウリ科 Cucurbitaceae 69, 92, 95, 130
エノコログサ Setaria viridis 152
エリンギウム Eryngium 145
エンドウ Pisum sativum 14, 26, 27, 36, 44, 94, 119, 142, 145
オウレン Coptis japonica 137
オオイヌノフグリ Veronica persica 148
オオバコ Plantago asiatica 79
オオムギ Hordeum vulgare 152
オオヤマレンゲ Magnolia sieboldii ssp. japonica 138
オガタマノキ Michelia compressa 138
オキナグサ Pulsatilla cernua 138

オジギソウ Mimosa pudica 70, 71, 98, 145
オシロイバナ科 Nyctaginaceae 136
オダマキ Aquilegia flabellata var. flabellate 137
オトギリソウ Hypericum erectum 89
オトギリソウ科 Hypericaceae (Guttiferae) 89
オドリコソウ Lamium album 148
オニユリ Lilium lancifolium 122
オモト Rohdea japonica 150
オリヅルラン Chlorophytum comosum 122, 123

カ

カエデ Acer 27, 55, 97, 98, 101
カエデ科 Aceraceae 101, 130
カキ Diospyros kaki 96 〜 98, 104
カキツバタ Iris laevigata 22, 23
カシ Quercus 100
カジイチゴ Rubus trifidus 27
カシワ Quercus dentata 134
カスミソウ Gypsophila elegans 74, 80, 134
カタクリ Erythronium japonicum 150
カタバミ Oxalis corniculata 71, 72
カーネーション Dianthus caryophyllus 74, 134
カバノキ科 Betulaceae 113, 130
カブ Brassica rapa ssp. glabra 20, 140
ガーベラ Gerbera jamesonii 81, 149, 150
カボチャ Cucurbita moschata 69, 95, 96, 98
カヤツリグサ科 Cyperaceae 132, 153
カラー Zantedeschia aethiopica 154
カラシナ Brassica juncea 140
カラスウリ Trichosanthes

cucumeroides 96
カラスムギ *Avena fatua* 153
カラマツソウ *Thalictrum aquilegifolium* var. *intermedium* 137, 138
カリフラワー *Brassica oleracea* var. *botrytis* 140, 141
キイチゴ *Rubus* 96, 98, 101 〜 103, 122, 142
キキョウ *Platycodon grandiflorus* 82
キキョウ科 Campanulaceae 82, 89, 130
キク *Chrysanthemum* × *morifolium* 2, 74, 75, 150
キクイモ *Helianthus tuberosus* 20
キク科 Asteraceae (Compositae) 30, 81, 82, 84, 99, 130, 148, 149
キスゲ *Hemerocallis* 150
キヅタ *Hedera rhombea* 12, 13
キツネノマゴ科 Acanthaceae 130
ギボウシ *Hosta* 150
キャベツ *Brassica oleracea* var. *capitata* 75, 140, 141
キュウリ *Cucumis sativus* var. *tuberculatus* 96, 98
キョウチクトウ *Nerium oleander* var. *indicum* 24
キョウチクトウ科 Apocynaceae 89
キランソウ *Ajuga decumbens* 147
キリ *Paulownia tomentosa* 122
キンギョソウ *Antirrhinum majus* 147, 148
キンポウゲ *Ranunculus japonicus* 137
キンポウゲ科 Ranunculaceae 86, 89, 90, 92, 99, 100, 130, 132, 137
菌類 fungi 126
クズ *Pueraria lobata* 26
クズウコン科 Marantaceae 72
クスクスラン *Bulbophyllum affine* 17 〜 19
クスノキ科 Lauraceae 86, 130

クチナシ *Gardenia jasminoides* 24
クヌギ *Quercus acutissima* 97, 98, 134
グラジオラス *Gladiolus* 17, 18, 20, 29, 82, 123
クリ *Castanea crenata* 97, 100, 103, 134, 135
クリスマスローズ *Helleborus niger* 96, 98, 99, 137, 138
クルミ *Juglans* 41
クレマチス *Clematis* 96
クロウメモドキ科 Rhamnaceae 130
グロキシニア *Sinningia speciosa* 20
クロタネソウ *Nigella damascena* 96, 97, 100, 137
クロッカス *Crocus* 18, 123, 124
クロマツ *Pinus thunbergii* 76, 105, 128
クワ科 Moraceae 130
クワガタソウ *Veronica miqueliana* 148
ケシ科 Papaveraceae 100, 130
ケール *Brassica oleracea* var. *acephala* 140, 141
後生花被亜綱 Sympetalae 130
コウヤマキ *Sciadopitys verticillata* 105
コケ植物 Bryophyta 106, 109, 126
コショウ科 Piperaceae 103, 130, 132
コスモス *Cosmos bipinnatus* 74, 150
古生花被亜綱 Archichlamydeae 130
コダカラベンケイ *Bryophyllum daigremontianum* 122
コデマリ *Spiraea cantoniensis* 80
コナラ *Quercus serrata* 79, 97, 98, 134
コナラ属 *Quercus* 134
コブシ *Magnolia kobus* 27, 138

ゴボウ *Arctium lappa* 14, 150
ゴマノハグサ科 Scrophulariaceae 88, 130, 146 〜 148
コムギ *Triticum aestivum* 62, 75, 103, 106, 152
コリアンダー *Coriandrum sativum* 145
コルクガシ *Quercus suber* 40
コールラビ *Brassica oleracea* var. *gongylodes* 18, 20
コンニャク *Amorphophallus rivieri* 18, 153
コンフリー *Symphytum officinale* 80

サ

サイカチ *Gleditsia japonica* 26
サクラ *Cerasus* 5, 12, 29, 30, 36, 40, 95 〜 98, 100, 102, 103, 142
サクラソウ *Primula* 93
ササユリ *Lilium japonicum* 86, 151
サツマイモ *Ipomoea batatas* 7, 14, 20
サトイモ *Colocasia esculenta* 18, 153, 154
サトイモ科 Araceae 130, 153, 154
サトウキビ *Saccharum officinarum* 62, 152
サネカズラ *Kadsura japonica* 96
サボテン cucti 29, 48, 64
サボテン科 Cactaceae 63, 65, 85, 130, 136
サラセニア *Sarracenia* 29
サルオガセモドキ *Tillandsia usneoides* 66
サルトリイバラ *Smilax china* 27
シイ *Castanopsis* 97, 98, 100
シクラメン *Cyclamen persicum* 20
シソ *Perilla frutescens* var. *crispa* 147
シソ科 Lamiaceae (Labiatae) 88, 130, 146 〜 148

165

シダ植物 Pteridophyta 106, 126
シナノキンバイ *Trollius riederanus* var. *japonicus* 137
シバ *Zoysia* 6, 152
シモツケ *Spiraea japonica* 96, 142
ジャガイモ *Solanum tuberosum* 20
シャクナゲ *Rhododendron* 82
ジャケツイバラ亜科 Caesalpinioideae 144, 145
シュッコンスイートピー *Lathyrus latifolius* 144
シュンギク *Glebionis coronaria* 150
ショウガ *Zingiber officinale* 20
ショウガ科 Zingiberaceae 132
シラカバ *Betula platyphylla* var. *japonica* 79
シロツメクサ *Trifolium repens* 26
シロバナヨウシュチョウセンアサガオ *Datura stramonium* 96～98, 100
ジンチョウゲ科 Thymelaeaceae 130
スイカ *Citrullus lanatus* 96
スイカズラ科 Caprifoliaceae 130
スイセン *Narcissus* 150
スイートピー *Lathyrus odoratus* 145
スイレン科 Nymphaeaceae 103, 130, 132
スギ *Cryptomeria japonica* 36, 113, 127
スギゴケ *Polytrichum juniperinum* 110, 112
スグリ *Ribes sinanense* 23
ススキ *Miscanthus sinensis* 152
スズメガヤ *Eragrostis cilianensis* 152, 153
スズラン *Convallaria keiskei* 150
スダジイ *Castanopsis sieboldii* 134

スベリヒユ科 Portulacaceae 94, 100, 130, 136
スミレ科 Violaceae 93, 130
セージ *Salvia officinalis* 147
セツブンソウ *Shibateranthis pinnatifida* 137
ゼニゴケ *Marchantia polymorpha* 111
ゼニゴケ科 Marchantiaceae 111
セリ *Oenanthe javanica* 145
セリ科 Apiaceae (Umbelliferae) 80, 130, 145, 146
セロリ *Apium graveolens* var. *dulce* 75, 145
センニンソウ *Clematis terniflora* 96～99, 138
藻類 algae 126
ソシンカ *Bauhinia acuminata* 144
ソテツ *Cycas revoluta* 127
ソラマメ *Vicia faba* 14, 142

タ

ダイコン *Raphanus sativus* var. *hortensis* 6, 10, 14, 20
ダイコンソウ *Geum* 93
タイサンボク *Magnolia grandiflora* 23, 90, 99, 138, 139
ダイズ *Glycine max* ssp. *max* 105, 142
タイム *Thymus vulgaris* 147
タケ *Phyllostachys* 5, 6, 152
ターサイ *Brassica rapa* ssp. *narinosa* 140
タデ科 Polygonaceae 86, 130
タネツケバナ *Cardamine flexuosa* 140
タマネギ *Allium cepa* 18, 29, 150
タマリンド *Tamarindus indica* 145
タムシバ *Magnolia salicifolia* 138
タラノキ *Aralia elata* 122
ダリア *Dahlia* × *hortensis* 20
タロイモ *Colocasia esculenta* 153

タンポポ *Taraxacum* 99, 150
地衣類 lichens 126
チューリップ *Tulipa gesneriana* 17, 18, 29, 123, 124, 150
チンゲンサイ *Brassica rapa* ssp. *chinensis* 140
ツクバネ *Buckleya lanceolata* 101
ツツジ科 Ericaceae 82, 92, 93, 130
ツバキ *Camellia japonica* 5, 89
ツリフネソウ科 Balsaminaceae 100
ツルウメモドキ *Celastrus orbiculatus* 103
ツワブキ *Farfugium japonicum* 150
テガタチドリ *Gymnadenia conopsea* 14, 17, 18
テッセン *Clematis florida* 137
テンナンショウ *Arisaema* 154
トウダイグサ科 Euphorbiaceae 65
トウモロコシ *Zea mays* 6, 11, 62, 64, 103, 104, 106, 152
トベラ *Pittosporum tobira* 105
トマト *Lycopersicon esculentum* 96, 98
トリカブト *Aconitum* 93, 137

ナ

ナギイカダ *Ruscus aculeatus* 32
ナシ *Pyrus pyrifolia* var. *culta* 103, 142
ナス *Solanum melongena* 98
ナス科 Solanaceae 93, 100, 130
ナズナ *Capsella bursa-pastoris* 97, 101, 140
ナデシコ *Dianthus* 134
ナデシコ科 Caryophyllaceae 16, 80, 94, 103, 130, 134, 136
ナデシコ目 Caryophyllales 94, 132, 136
ナナカマド *Sorbus commixta* 80, 142

ニゲラ・オリエンタリス
　　Nigella orientalis　96, 97
ニシキギ科 Celastraceae　80,
　　103, 130
ニセアカシア Robinia
　　pseudoacacia　122
ニッコウキスゲ Hemerocallis
　　esculenta　80
ニラ Allium tuberosum　106
ニリンソウ Anemone flaccida
　　105
ニレ Ulmus　97, 101
ニレ科 Ulmaceae　101
ニンジン Daucus carota ssp.
　　sativus　6, 10, 14, 48, 145
ニンニク Allium sativum　18,
　　150
ヌスビトハギ Desmodium
　　podocarpum　98
ネギ Allium fistulosum　22,
　　106, 150
ネムノキ Albizia julibrissin
　　26, 36, 70, 144, 145
ネムノキ亜科 Mimosoideae
　　144, 145
ノイバラ Rosa multiflora　26,
　　27, 84, 143, 155
ノカンゾウ Hemerocallis fulva
　　var. disticha　80

ハ

パイナップル Ananas comosus
　　64, 66, 99
パイナップル科 Bromeliaceae
　　66
ハエジゴク Dionaea muscipula
　　73
ハギ Lespedeza　36
ハクサイ Brassica rapa ssp.
　　pekinensis　140
ハクサンイチゲ Anemone
　　narcissiflora var. nipponica
　　137
ハコベ Stellaria　80, 134, 136
バジル Ocimum basilicum　147
ハス Nelumbo nucifera　7
パセリ Petroselinum crispum
　　145
ハタザオ Arabis　93
ハナウド Heracleum
　　sphondylium var.
　　nipponicum　145
ハナキリン Euphorbia milii
　　27
ハナズオウ Cercis chinensis
　　145
ハナミズキ Cornus florida　2,
　　81, 82
ハブソウ Senna occidentalis
　　145
ハボタン Brassica oleracea var.
　　acephala f. tricolor　140,
　　141
バラ Rosa　84, 96, 102, 103,
　　142
バラ科 Rosaceae　26, 27, 36,
　　86, 89, 90, 101, 102, 130,
　　142, 143, 145
ハリエンジュ Robinia
　　pseudoacacia　122
ヒエンソウ Consolida ajacis
　　137
ヒガンバナ Lycoris radiata
　　150
被子植物 Magnoliophyta
　　（Angiospermae）112, 126,
　　128
ビート Beta vulgaris　20
ヒナゲシ Papaver rhoeas　96
　　～ 98, 100
ヒノキ Chamaecyparis obtusa
　　113
ヒマワリ Helianthus annuus
　　150
ヒメジョオン Erigeron annuus
　　150
ヒメヒオウギズイセン
　　Crocosmia × crocosmiiflora
　　18
ヒャクニチソウ Zinnia elegans
　　24
ヒヤシンス Hyacinthus
　　orientalis　79
ヒユ科 Amaranthaceae　86,
　　94, 130, 132, 136
ヒョウモンショウ Maranta
　　leuconeura cvs.　72
ビヨウヤナギ Hypericum
　　monogynum　89
ヒルガオ科 Convolvulaceae
　　82, 89
ヒレハリソウ Symphytum
　　officinale　80
ビロードモウズイカ
　　Verbascum thapsus　148
ビワ Eriobotrya japonica　142
フィロデンドロン
　　Philodendron　153
フウチョウソウ科
　　Capparaceae　140
フウロソウ科 Geraniaceae
　　130
フキ Petasites japonicus　150
フクジュソウ Adonis ramosa
　　137, 138
ブーゲンビレア Bougainvillea
　　spectabilis　2, 82
フジ Wisteria floribunda　79
ブドウ Vitis vinifera　96
ブドウ科 Vitaceae　80, 130
フトモモ科 Myrtaceae　130
ブナ Fagus crenata　12, 134
ブナ科 Fagaceae　36, 100, 113,
　　130, 134, 135
ブロッコリー Brassica oleracea
　　var. italica　140, 141
ベニバナ Carthamus tinctorius
　　150
ベロニカ Veronica　79
ベンケイソウ科 Crassulaceae
　　65, 122
ポインセチア Poinsettia
　　pulcherrima　74, 82
ホウセンカ Impatiens
　　balsamina　100
ホウレンソウ Spinacia oleracea
　　74, 86, 87, 96
ホオズキ Physalis alkekengi var.
　　franchetii　96 ～ 98
ホオノキ Magnolia obovata
　　138
ボタン Paeonia suffruticosa　84
ボタン科 Paeoniaceae　99
ホトトギス Tricyrtis hirta
　　150
ポプラ Populus × canadensis
　　122

マ

マオウ Ephedra　127
マサキ Euonymus japonicus
　　80
マツ Pinus　36, 127

マツ科 Pinaceae　76
マツバボタン *Portulaca pilosa* ssp. *grandiflora*　100
マツブサ科 Schisandraceae　96
マツモ科 Ceratophyllaceae　132
マテバシイ *Lithocarpus edulis*　134
マメ亜科 Papilionoideae　144, 145
マメ科 Fabaceae（Leguminosae）14, 26, 27, 36, 44, 68, 88, 92, 94, 98, 101, 103, 130, 142, 144, 145
ミカン *Citrus*　2, 96, 98
ミカン科 Rutaceae　130
ミズキ科 Cornaceae　81, 82, 83
ミズナ *Brassica rapa* var. *laciniifolia*　140
ミズナラ *Quercus crispula*　134
ミズニラ *Isoetes japonica*　67
ミズバショウ *Lysichiton camtschatcense*　154
ミツバ *Cryptotaenia canadensis* ssp. *japonica*　145
ミミナグサ *Cerastium*　93
ミント *Mentha*　147
ムシトリスミレ *Pinguicula vulgaris* var. *macroceras*　105
ムスカリ *Muscari armeniacum*　79
ムラサキケマン *Corydalis incisa*　100
ムラサキ科 Boraginaceae　80
メキャベツ *Brassica oleracea* var. *gemmifera*　140, 141
モクレン *Magnolia liliiflora*　84, 138
モクレン科 Magnoliaceae　27, 36, 85, 86, 90, 92, 130, 132, 138, 139
モクレン属 *Magnolia*　138
モダマ *Entada phaseoloides*　98
モナルダ *Monarda*　147
モモ *Amygdalus persica*　96,

98, 103, 142
モンステラ *Monstera deliciosa*　153

ヤ

ヤエムグラ *Galium spurium* var. *echinospermon*　27
ヤエヤマヒルギ *Rhizophora mucronata*　11
ヤシ科 Arecaceae（Palmae）130
ヤツデ *Fatsia japonica*　145
ヤドリギ *Viscum*　12, 13
ヤナギ科 Salicaceae　93, 130
ヤブガラシ *Cayratia japonica*　80, 84
ヤマゴボウ科 Phytolaccaceae　130, 136
ヤマシャクヤク *Paeonia japonica*　96, 98, 99
ヤマノイモ *Dioscorea japonica*　20, 122
ヤマボウシ *Cornus kousa*　81〜83, 99
ユキノシタ科 Saxifragaceae　130, 132
ユリ *Lilium*　86, 96, 98, 100, 150
ユリ科 Liliaceae　32, 65, 85, 93, 130, 150, 151
ユリノキ *Liriodendron tulipifera*　27, 30, 138
ユリノキ属 *Liriodendron*　138
ヨウシュヤマゴボウ *Phytolacca americana*　17
ヨシ *Phragmites australis*　7, 152

ラ

ライムギ *Secale cereale*　62, 152
裸子植物 Gymnospermophyta（Gymnospermae）126, 127
ラベンダー *Lavandula angustifolia*　147
ラン orchids　7, 104, 124
ラン科 Orchidaceae　13, 18, 19, 90, 132
リナリア *Linaria*　148
リンゴ *Malus*　2, 96, 98, 102, 103, 142

リンドウ科 Gentianaceae　89, 93
ルナリア *Lunaria annua*　97, 98, 101
レタス *Lactuca sativa*　150
レンリソウ *Lathyrus*　93
ローズマリー *Rosmarinus officinalis*　147

ワ

ワサビ *Eutrema japonicum*　140
ワスレナグサ *Myosotis scorpioides*　80
ワレモコウ *Sanguisorba officinalis*　142

監修者紹介

大場秀章(おおばひであき)

　1969 年　東京農業大学農学部卒業
　現　在　東京大学名誉教授

著者紹介

清水晶子(しみずあきこ)

　1982 年　東京大学教養学部卒業
　現　在　東京大学総合研究博物館キュラトリアルワーク推進員

NDC471　　174p　　21cm

絵(え)でわかるシリーズ
絵(え)でわかる 植物(しょくぶつ)の世界(せかい)

　　　　2004 年 10 月 1 日　第 1 刷発行
　　　　2024 年 3 月 22 日　第 12 刷発行

監修者　大場秀章(おおばひであき)
著　者　清水晶子(しみずあきこ)
発行者　森田浩章
発行所　株式会社　講談社
　　　　〒 112-8001　東京都文京区音羽 2-12-21
　　　　　販　売　(03) 5395-4415
　　　　　業　務　(03) 5395-3615

KODANSHA

編　集　株式会社　講談社サイエンティフィク
　　　　代表　堀越俊一
　　　　〒 162-0825　東京都新宿区神楽坂 2-14　ノービィビル
　　　　　編　集　(03) 3235-3701
印刷所　株式会社平河工業社
製本所　株式会社国宝社

落丁本・乱丁本は、購入書店名を明記のうえ、講談社業務宛にお送り下さい。送料小社負担にてお取替えします。なお、この本の内容についてのお問い合わせは、講談社サイエンティフィク宛にお願いいたします。
定価はカバーに表示してあります。

© Akiko Shimizu, 2004

本書のコピー、スキャン、デジタル化等の無断複製は著作権法上での例外を除き禁じられています。本書を代行業者等の第三者に依頼してスキャンやデジタル化することはたとえ個人や家庭内の利用でも著作権法違反です。

|JCOPY|　〈(社) 出版者著作権管理機構　委託出版物〉

複写される場合は、その都度事前に (社) 出版者著作権管理機構 (電話 03-5244-5088、FAX 03-5244-5089、e-mail: info@jcopy.or.jp) の許諾を得てください。

Printed in Japan

ISBN4-06-154754-2

講談社の自然科学書

絵でわかるシリーズ

絵でわかる漢方医学	入江祥史／著	本体 2,200 円
絵でわかる東洋医学	西村甲／著	本体 2,200 円
新版 絵でわかるゲノム・遺伝子・DNA	中込弥男／著	本体 2,000 円
新版 絵でわかる樹木の知識	堀大才／著	本体 2,400 円
絵でわかる動物の行動と心理	小林朋道／著	本体 2,200 円
絵でわかる宇宙開発の技術	藤井孝蔵・並木道義／著	本体 2,200 円
絵でわかるロボットのしくみ	瀬戸文美／著　平田泰久／監修	本体 2,200 円
絵でわかるプレートテクトニクス	是永淳／著	本体 2,200 円
新版 絵でわかる日本列島の誕生	堤之恭／著	本体 2,300 円
絵でわかる感染症 with もやしもん	岩田健太郎／著　石川雅之／絵	本体 2,200 円
絵でわかる麹のひみつ	小泉武夫／著　おのみさ／絵・レシピ	本体 2,200 円
絵でわかる樹木の育て方	堀大才／著	本体 2,300 円
絵でわかる地図と測量	中川雅史／著	本体 2,200 円
絵でわかる古生物学	棚部一成／監修　北村雄一／著	本体 2,000 円
絵でわかる寄生虫の世界	小川和夫／監修　長谷川英男／著	本体 2,000 円
絵でわかる地震の科学	井出哲／著	本体 2,200 円
絵でわかる生物多様性	鷲谷いづみ／著　後藤章／絵	本体 2,000 円
絵でわかる日本列島の地震・噴火・異常気象	藤岡達也／著	本体 2,200 円
絵でわかる進化のしくみ	山田俊弘／著	本体 2,300 円
絵でわかる地球温暖化	渡部雅浩／著	本体 2,200 円
絵でわかる宇宙地球科学	寺田健太郎／著	本体 2,200 円
新版 絵でわかる生態系のしくみ	鷲谷いづみ／著　後藤章／絵	本体 2,200 円
絵でわかるマクロ経済学	茂木喜久雄／著	本体 2,200 円
絵でわかる日本列島の地形・地質・岩石	藤岡達也／著	本体 2,200 円
絵でわかるミクロ経済学	茂木喜久雄／著	本体 2,200 円
絵でわかる宇宙の誕生	福江純／著	本体 2,200 円
絵でわかる薬のしくみ	船山信次／著	本体 2,300 円
絵でわかるネットワーク	岡嶋裕史／著	本体 2,200 円
絵でわかるサイバーセキュリティ	岡嶋裕史／著	本体 2,200 円
絵でわかる物理学の歴史	並木雅俊／著	本体 2,200 円
絵でわかる世界の地形・岩石・絶景	藤岡達也／著	本体 2,200 円
絵でわかるにおいと香りの不思議	長谷川香料株式会社／著	本体 2,200 円

※表示価格は本体価格（税別）です。消費税が別に加算されます。　「2024年3月現在」

講談社サイエンティフィク　https://www.kspub.co.jp/